Riccardo Campa

Tecnoetica

Book cover artwork by Maicol Borghetti - Untitled from "Portraits of the Future" series. www.maicolborghetti.com

Orbis Idearum Press is an imprint of the Michel Kowalewicz Institute for the History of Ideas. Its scope is to publish a peer review book series dedicated to the history of ideas, as a complement to *Orbis Idearum: European Journal of the History of Ideas*, which is edited by the History of Ideas Research Centre.

Michel Kowalewicz Institute for the History of Ideas
Ul. Hutników 2,
32-050 Skawina,
Poland

History of Ideas Research Centre
Jagiellonian University
Al. Mickiewicza 22,
30-059 Krakow,
Poland.

This book has been peer reviewed. See Orbis Idearum's Peer Review Policy for more information.

www.orbisidearum.net
ISBN: 9798377505143

Orbis Idearum Scientific Commitee

3

Indice

Introduzione

Il termine che dà il titolo a questo volume ha fatto il suo ingresso nei dizionari italiani soltanto pochi anni fa, nonostante le radici che compongono la parola siano antiche. Per il *Lessico del XXI Secolo Treccani*, la tecnoetica è il «settore di studi che si occupa del rapporto fra etica e tecnologia, ovvero del ruolo che hanno i valori nella scelta, nell'utilizzazione e nella diffusione delle tecnologie». *Garzanti Linguistica* aggiunge due dettagli interessanti alla definizione, chiarendo che si tratta dello «studio dei problemi e dei temi etici legati alle tecnologie più avanzate» e che il termine è un calco dell'inglese «technoethics».

In effetti, un esperto di tecnoetica difficilmente si occupa dei risvolti morali dell'uso di un prodotto della tecnica tanto utile quanto pericoloso come il coltello. Con il coltello si può tagliare il pane o si può uccidere un uomo. Le persone accoltellate o passate a fil di spada nel corso della storia umana sono milioni. E, ancora oggi, tante persone sono vittime dell'uso "improprio" di questo utensile. La ragione per cui i tecnoeticisti non se ne occupano è che non si tratta di una tecnologia *avanzata*, cioè nuova e sofisticata. D'altro canto, non si occupano nemmeno di un oggetto tecnologico altrettanto utile e pericoloso, ma ben più recente, come l'automobile. Ha poco più di un secolo e uccide circa un milione di persone l'anno. Eppure, sui libri e le riviste di tecnoetica difficilmente ci si scandalizza per quella che è pur sempre una strage infinita. Ci s'indigna, però, per tecnologie che talvolta sono soltanto prototipi o progetti futuribili e non hanno quindi ancora causato alcun danno. Ciò significa che vi è almeno un altro ingrediente fondamentale a rendere una tecnologia degna di essere ammessa al dibattito tecnoetico: non deve avere ancora colmato il cosiddetto *cultural lag* (ritardo culturale). Quest'ultimo è un termine introdotto dal sociologo americano William Ogburn per rappresentare e spiegare i rallentamenti e gli ostacoli che certe tecnologie incontrano quando si diffondono nel tessuto sociale[1]. In altre parole, non è solo la pericolosità potenziale o effettiva ma anche la non familiarità a rendere controversa una tecnologia. Specularmente, a rendere una tecnologia accettabile è più l'abitudine che non la sua effettiva sicurezza.

A placare le controversie e a favorire il superamento del ritardo culturale, naturalmente, non contribuisce soltanto l'abitudine. Talvolta, sono proprio le restrizioni o i divieti che la legge impone all'uso di certi oggetti tecnologici a farli uscire dai radar della tecnoetica. In altre parole, se i dubbi sollevati dai tecnoeticisti fanno breccia nei corpi politici e ispirano un ordinamento legale della materia, il caso si può chiudere. Il caso del coltello è stato chiuso millenni orsono, quando le leggi di tanti popoli antichi ne hanno consentito l'uso per cacciare e tagliare i cibi, ma hanno vietato l'omicidio (se non in guerra). Gli accoltellamenti sono comunque avvenuti e possono ancora accadere, ma sono illegali. Questa soluzione sancisce che la tecnologia *in sé* è utile e non va vietata, ma certi *usi* della stessa non sono consentiti. Lo stesso discorso riguarda le automobili. Il dibattito si è raffreddato nel momento in cui è stato approvato il codice della strada. Non sono perciò *ipso facto* scomparsi gli incidenti mortali. L'automobile non è stata messa al bando perché ritenuta utile, ma certi usi non sono consentiti. Non si passa col rosso, non si travolgono i pedoni che attraversano la strada sulle strisce, eccetera. Chi lo fa è punito. L'abitudine e l'ordinamento legale tendono dunque a placare il dibattito.

Vi sono, però, non poche tecnologie che non hanno ancora passato il Rubicone del *cultural lag* e sulla cui pericolosità e utilità non c'è consenso. Di esse parla questo volume. O, perlomeno, di alcune di esse.

Forse, il modo migliore per introdurre i contenuti del volume è spiegare com'è nato. Sconfinerò ora

---

[1] W. Ogburn, *Social Change with Respect to Culture and Original Nature*, George Allen & Unwin, London 1923.

nell'autobiografia, ma soltanto perché alcune vicende sono interessanti anche nella prospettiva della sociologia della conoscenza.

Nel 2007 ho pubblicato *Etica della scienza pura*, un volume di circa seicento pagine che mi è valso l'abilitazione alla docenza in Polonia[2]. Il libro ricostruisce la storia di un'idea – l'idea di *eusofia*, o bontà della sapienza. In esso narro il percorso storico della convinzione che la conoscenza sia un bene e l'ignoranza un male, partendo dall'Antichità e arrivando ai giorni nostri. Sembra un'ovvietà. Eppure, quest'idea ha faticato non poco a farsi largo nella storia. Senza contare che, ancora oggi, è diffusa la convinzione che la scienza pura, la conoscenza senza evidenti applicazioni pratiche, non sia altro che uno spreco di tempo e denaro. Non manca, poi, chi pensa che certe cose sia meglio non saperle, a prescindere dalle possibilità di applicazione.

Mentre svolgevo quelle ricerche, avevo sempre in mente una seconda parte dell'opera, alla quale intendevo dedicarmi negli anni successivi. L'idea fissa era di dare corpo a un libro intitolato *Etica della scienza applicata*, libro in cui avrei ricostruito la storia della convinzione che la perizia tecnica sia un bene e l'imperizia tecnica un male, un concetto che è stato anche reso con l'espressione: «positività antropologica della tecnica»[3]. Diverse circostanze mi hanno, però, indotto a cambiare percorso di ricerca. Le elencherò brevemente.

Innanzitutto, a indurmi a cambiare progetto ha contribuito una maggiore erudizione. Quando si è giovani, non sempre ci si rende conto dell'ampiezza di un tema. La stesura di *Etica della scienza pura* era iniziata nel 1994, dopo la difesa della tesi di laurea in filosofia, nella quale avevo tra l'altro già toccato la questione. Il lavoro era andato a rilento, anche perché la mia penna per quattro anni aveva riempito le pagine di un quotidiano, avendo io iniziato a guadagnarmi da vivere con la professione giornalistica. In seguito, avevo di nuovo accantonato

---

[2] R. Campa, *Etica della scienza pura. Un percorso storico e critico*, Sestante Edizioni, Bergamo 2007.

[3] J. M. Galvan, *La tecnoetica*, <pusc.it>, Firenze, 21 giugno 2003.

temporaneamente il progetto, per dedicarmi alla stesura della dissertazione dottorale. Poiché le norme etiche dell'ethos scientifico sono state codificate in ambito sociologico da Robert K. Merton, mi pareva utile e opportuno incentrare il dottorato proprio sull'opera del sociologo americano[4]. In altre parole, intendevo fare i compiti, prima di intraprendere una ricerca più personale. Queste pause spiegano però solo in parte il motivo per cui siamo arrivati al 2007, per vedere il libro in stampa. Il vero problema era che più rovistavo in archivi e biblioteche, più trovavo testimonianze dell'idea di eusofia. Alla fine, ho portato a termine il lavoro decidendo coscientemente di rinunciare alla chimera della "completezza". Mi sono, in altri termini, reso conto che uno studio di quel genere – per quanto corposo – non poteva che essere selettivo, esemplificativo, frammentario.

La seconda circostanza che ha deviato i miei interessi è stata la riforma delle università polacche, nell'ambito di un più ampio processo di trasformazione che ha investito tutte le istituzioni accademiche occidentali. Le nuove regole di avanzamento in carriera hanno portato alla svalutazione del libro e, in particolare, quello di grandi dimensioni. Chi non lavora nelle università e ha ancora un'idea romantica della scienza forse troverà bizzarro il fatto che la ricerca possa essere così pesantemente indirizzata dalla burocrazia, ma questa è la realtà dei fatti. Un tempo i dotti scrivevano libri, grandi e piccoli. Poi sono nate le riviste accademiche e con esse è nato anche il divorzio tra le due culture, quella umanistica e quella scientifica. Dopo la rivoluzione scientifica, gli scienziati naturali hanno iniziato a comunicare i risultati delle proprie ricerche in brevi articoli, non di rado a firma multipla, su riviste specializzate, lasciando alla forma libro il racconto dei dettagli autobiografici della ricerca o la divulgazione scientifica. I filosofi e gli scienziati sociali hanno invece continuato per lungo tempo a scrivere libri, affidando alla forma articolo le ricerche marginali. Di Hegel, Marx, Comte, Nietzsche, Durkheim, Parsons, Heidegger, Popper, Foucault, Lyotard, Bauman, solo per fare

---

[4] Campa R., *Epistemological Dimensions of Robert Merton's Sociology*, Nicholas Copernicus University Press, Toruń 2001.

qualche nome, ricordiamo i libri, più che gli articoli. Questo, naturalmente, è un discorso in linea di massima. Robert K. Merton è l'eccezione che conferma la regola. In netto anticipo sulla tendenza contemporanea, ha pubblicato per lo più in riviste e i suoi libri di sociologia sono collezioni di saggi e articoli. Le uniche monografie del sociologo americano sono, a ben vedere, studi nel campo della storia delle idee. Mi riferisco, in particolare, a *Sulle spalle dei giganti*[5] e *Viaggi e avventure della Serendipity*[6].

Ora, siamo tutti costretti a incanalarci nel solco tracciato dalle scienze naturali. Con la riforma delle università si è uniformato il metro di giudizio, senza fare troppa distinzione tra scienziati naturali e umanisti. Poiché fanno punteggio soprattutto gli articoli e si è valutati ogni anno per i premi e ogni quattro anni per la conferma, con il rischio di perdere il lavoro se non si "produce" quanto richiesto dal sistema, è evidente che i libri poderosi devono andare definitivamente in pensione. Nel report annuale o quadriennale non si può certo scrivere: «Sono impegnato nella stesura di un libro che occuperà il resto della mia vita».

La terza circostanza che mi ha indotto ad accantonare l'idea di scrivere *Etica della scienza applicata* è stata la nascita di un interesse più spiccato per le questioni pratiche, concrete, a fronte di quello originario per i principi teorici. L'etica della scienza applicata, formula oggi più frequentemente resa con l'agile neologismo "tecnoetica", ha due facce. Da un lato è diffusa la convinzione che la tecnica sia un bene in sé, altrimenti non esisterebbero le facoltà di ingegneria e non si darebbero premi agli inventori. D'altro canto, c'è la consapevolezza che la tecnica porti con sé anche delle insidie, dei problemi, degli effetti collaterali indesiderati, da eliminare o limitare. Senza contare che, detto per inciso, non manca chi è convinto che la tecnica sia più un male che un bene. Inoltre, questo campo di

---

[5] R. K. Merton, *Sulle spalle dei giganti. Poscritto shandiano*, Il Mulino, Bologna 1991.

[6] R. K. Merton, E. Barber, *Viaggi e avventure della Serendipity. Saggio di semantica sociologica e sociologia della scienza*, Il Mulino, Bologna 2002.

studi ha ramificazioni che, talvolta, in termini di istituzioni e pubblicazioni, superano per importanza la stessa "disciplina madre". Sono, infatti, riconducibili alla tecnoetica campi di studio come la bioetica, la roboetica, l'infoetica, la nanoetica, la neuroetica, l'algoretica, e via dicendo. Queste specialità nascono soprattutto per porre dei limiti alle applicazioni tecniche, vale a dire per favorire la ricerca "buona" e sfavorire quella "cattiva", a seconda dei punti di vista. Per loro natura, i rami specializzati della tecnoetica tendono a spostare la riflessione filosofica dal piano teorico al piano pratico. Sicché, addentrandomi nelle varie specialità, ho iniziato a incentrare il mio interesse su questioni più concrete, come i temi scottanti della bioetica o della roboetica, ai quali ho dedicato diversi libri e articoli negli ultimi anni.

Del lavoro preparatorio di *Etica della scienza applicata* resta una certa mole di *studi*, ossia di ricerche concluse e pubblicate in forma di articolo, e di *appunti*, ossia di ricerche e riflessioni rimaste sulla carta. Questo volume raccoglie gli studi editi. *Ça va sans dire* che, se ho rinunciato alla chimera della completezza in uno studio lungo e organico come *Etica della scienza pura*, il lettore non può certo aspettarsi completezza da una collezione di saggi. Lo scopo di questo volume è introdurre l'argomento e indicare possibili vie di ricerca, più che sviscerare il tema in tutte le sue possibili articolazioni.

Gli scritti sono organizzati secondo l'ordine temporale di apparizione. Tale criterio consente di evidenziare una certa evoluzione nel mio pensiero. Lo scritto che apre la raccolta risale al 2004. Il lettore noterà in esso un tono vagamente "scientista". L'articolo intendeva, infatti, essere un'apologia della scienza, una difesa dell'impresa scientifica da quelli che mi parevano allora pericolosi scivolamenti nell'irrazionalismo. Il discorso s'inquadrava nelle cosiddette "guerre di scienza", tra studiosi proscienza e antiscienza. Negli scritti successivi, gli accenti scientisti gradualmente si diradano. Sia chiaro che non sono passato armi e bagagli nel campo avverso, quello cosiddetto "postmoderno". Sono però passato da una difesa della scienza (pura e applicata) senza se e senza ma, a una difesa della scienza con qualche se e qualche ma. Per spiegare il cambiamento, potrei cavarmela a buon mercato dicendo, semplicemente, che *invecchiando si diventa più saggi*. Voglio, però, entrare nello specifico della questione, perché alla base del mio riorientamento non c'è tanto un mutamento della mia posizione nel campo della filosofia generale della scienza, quanto un mutamento della mia consapevolezza sociologica riguardo al funzionamento della comunità scientifica.

Da quando ho iniziato a interessarmi di filosofia della scienza, ossia durante gli studi universitari, senza troppi dubbi o ripensamenti mi sono posizionato sulla linea di quello che in gergo è chiamato "razionalismo critico" (con qualche concessione al "pragmatismo"). Mi sono, così, tenuto distante dai due estremi opposti del "positivismo duro e puro", per il quale grazie al metodo scientifico possiamo conoscere con certezza tutto ciò che conta, e del "relativismo cognitivo", per il quale nulla si può davvero conoscere, essendo la realtà una costruzione sociale[7]. Per il razionalismo critico – che non va ridotto al pensiero di Karl Popper e della sua scuola, essendo stato autonomamente elaborato anche nell'ambito della cultura francofona e italofona – la scienza è probabilmente la migliore forma di conoscenza che abbiamo, o perlomeno una delle migliori, e, tuttavia, essa resta un'impresa fallibile, inevitabilmente intrisa di ipotesi metafisiche e condizionata da interessi economici.

Nell'Ottocento c'era invece chi credeva che le leggi scientifiche scoperte attraverso il metodo induttivo fossero verità certe e definitive e perciò soggette a cumulazione; che l'ateismo e il materialismo fossero verità scientifiche e non ipotesi metafisiche; che la scienza fosse *l'unica* forma di conoscenza genuina e rispettabile, mentre tutto ciò che usciva dal suo perimetro era mito, favola, ciarlataneria, irrazionalismo. Già sul finire del secolo XIX, un movimento antipositivista nasceva per superare questa rigida idea della scienza e per ridare slancio

---

[7] Per i dettagli a riguardo di queste divisioni di campo e alla mia posizione, cfr. R. Campa, *La pandemia, il ritorno del positivismo e la lezione dimenticata del razionalismo critico*, «Orbis Idearum. European Journal of the History of Ideas», 10 (1), 2022, pp. 49-74.

anche alle scienze storiche e filosofiche, che l'approccio positivista pareva disdegnare non meno delle religioni e dei miti.

Nel primo Novecento, perdurava lo scontro tra diverse filosofie della scienza, ma tutto sembrava spostato su un livello più raffinato. Gli stessi grandi scienziati – Albert Einstein, Erwin Schrödinger, Niels Bohr, Max Born, ecc. – mostravano una spiccata sensibilità filosofica. Nella seconda metà del Novecento, nell'ambito della filosofia della scienza, c'erano ancora dispute dottrinali, come quella tra Karl Popper e Thomas Kuhn, o quella tra Imre Lakatos e Paul Feyerabend. C'era disaccordo sull'importanza del metodo scientifico e sull'influenza di fattori psicologici e sociali sulla ricerca scientifica, ma nessuno metteva in dubbio il carattere fallibile della scienza e il suo sostenersi anche su ipotesi metafisiche.

Ebbene, all'inizio del XXI secolo, mi pareva che la disputa fosse ormai tra chi sosteneva la necessità di postulare un minimo di realismo epistemico (secondo la nota formula "verità senza certezza") e chi invece affermava che era ormai tempo di mettere al bando lo stesso concetto di verità. Mi ero allora risolutamente schierato con il primo partito. Ciò che mi ha portato a rimodulare il mio discorso negli anni successivi è stata una conoscenza più approfondita della comunità scientifica reale, resa possibile non solo dall'osservazione partecipante, ma anche da una maggiore abbondanza di dati e documenti disponibili. Se l'immagine che mi ero fatto da giovane della scienza e della metascienza nasceva dalla lettura delle opere di grandi filosofi e scienziati, in seguito ho scoperto che i laboratori e i dipartimenti delle università pullulano ancora di ricercatori con un'idea dogmatica della scienza. Per molti ricercatori, perlopiù giovani, le verità della scienza (le ultime in ordine di tempo, naturalmente, perché la storia della loro disciplina la conoscono assai poco) sono sentenze definitive e inappellabili. Tutto il resto è mito, favola, complottismo, irrazionalismo, da rigettare e magari deridere, senza neppure prendere in esame le ragioni dell'interlocutore, senza confrontarsi serenamente e onestamente con le teorie alternative. Il che è una palese negazione dello stesso metodo scientifico che affermano di sostenere, nonché un allontanamento dallo spirito più autentico della scienza, che si distingue da ogni fede dogmatica proprio perché è attraversata da dubbi e aperta a continue revisioni. Paradossalmente, il tutto accade in un momento in cui persino la Chiesa cattolica – per dire: una delle istituzioni più conservatrici del globo terracqueo – pare accettare l'idea di "evoluzione dei dogmi religiosi".

Ecco allora spiegato il cambiamento di tono. Rimango un razionalista critico, rimango dell'idea che un minimo di realismo epistemico sia necessario, almeno come stella polare del nostro lavoro, come ideale guida della nostra ricerca, come elemento che attribuisce senso allo stesso confronto dialettico paritario al quale costantemente ci sottoponiamo, ma prendo atto che il razionalismo critico ha rivali a destra, non meno che a sinistra. Nei saggi più recenti, ho perciò preso le distanze in modo esplicito anche dal dogmatismo scientista e non solo dal relativismo postmoderno. In altri termini, ho sentito la necessità di ribadire concetti che, erroneamente, davo per acquisiti. Un conto è anelare idealmente all'oggettività, nella consapevolezza che esistono diversi punti di vista e che ogni modo di vedere è un modo di non vedere. Un conto ben diverso è essere a tal punto dogmatici da credere che il proprio (e solo il proprio) modo di vedere le cose coincida con la verità oggettiva, ora e per sempre. Questo può bastare per inquadrare lo spirito dei lavori qui raccolti.

Fornirò ora qualche ragguaglio sui singoli contributi raccolti in volume. Chiarisco, innanzitutto, che per ragioni estetiche non ho utilizzato i titoli originali dei saggi, ma le seguenti sei espressioni sintetiche: 1. Epistemetica; 2. Infoetica; 3. Roboetica; 4. Atometica; 5. Bioetica; 6. Tecnoetica (accompagnando ogni titolo con la data di pubblicazione tra parentesi). Come si può notare, alcune di queste espressioni sono già in uso, mentre in un paio di casi sono stato costretto a introdurre neologismi. I titoli originali e i riferimenti bibliografici della pubblicazione sono dettagliati in nota.

Il primo capitolo, al quale ho accennato sopra, è originariamente apparso nel 2004, sotto il titolo *La scienza come modello etico*[8]. Qui è stato rieditato e intitolato "Epistemetica" –

un neologismo che fonde le traslitterazioni dei termini greci "ἐπιστήμη" (episteme) e "ἠϑικά" (etica). È un modo sintetico per dire "etica della scienza". Il saggio si concentra, infatti, sulla questione dell'ethos della scienza pura, ossia dei valori che sono a monte della ricerca scientifica di base. In questo contesto, il capitolo svolge una funzione introduttiva perché offre una pietra di paragone e aiuta a inquadrare – per contrasto – la prospettiva della tecnoetica.

Il secondo contributo è stato originariamente concepito nel 2010, come frammento di un rapporto sulle armi robotiche scritto per il Ministero della difesa[9] e, successivamente, tradotto in inglese e incluso nel volume *Humans and Automata*[10]. Qui, il capitolo è stato intitolato, semplicemente, "Roboetica". In esso, sono delineati i fondamenti dell'etica applicata alla robotica e, in particolare, alla robotica militare. Dal punto di vista teorico, si esplorano i postulati di due noti codici roboetici: le "Tre leggi della robotica" di Asimov e il "Codice Euron". Viene anche affrontato il problema della responsabilità giuridica del comportamento del robot, che può essere ricondotto a molteplici soggetti: il progettista, il costruttore, il proprietario, l'utilizzatore e, in una prospettiva evoluzionista, il robot stesso.

Il terzo capitolo è originariamente apparso nel 2012 sotto il titolo *Assiologia delle reti interconnesse*[11], concetto che qui ho voluto rendere con il termine di più largo uso "Infoetica". Il saggio è incentrato su questioni etiche inerenti il funzionamento di Internet, come il problema della privacy, il furto di informazioni, le false identità in rete, o la questione delle "fake

---

[8] R. Campa, *La scienza come modello etico*, «Ulisse», 26 settembre 2004, pp. 1-10. Ripubblicato in: «Mondoperaio», Luglio-Ottobre, Gennaio-Febbraio, 1/2005, pp. 6-13.

[9] R. Campa, *Le armi robotizzate del futuro. Intelligenza artificialmente ostile? Il problema etico*, Centro Militari Studi Strategici, Rapporto di Ricerca 2010 STEPI-T-3.

[10] R. Campa, *Roboethicists and Automata,* in Id., *Humans and Automata. A Social Study of Robotics*, Peter Lang, Frankfurt am Main 2015, pp. 77-108.

[11] R. Campa, *Assiologia delle reti interconnesse*, in Associazione Filomati (a cura di), *L'informazione di massa: studio e implicazioni della tecnologia nella politica moderna*, La Carmelina Edizioni, Ferrara 2012, pp. 37-60.

news", che ponevo con netto anticipo rispetto al dibattito politico odierno, senza peraltro cadere in schematismi semplicistici. Naturalmente, nel decennio successivo sono emerse molte altre interessanti questioni, come quelle legate al *machine learning*, alle intelligenze artificiali e agli algoritmi, sulle quali si potrebbe scrivere un intero libro.

Il quarto capitolo è originariamente apparso nel 2015 sotto il titolo: *Ethos e àtomos: Sulla dimensione internazionale della ricerca nucleare e dei relativi problemi etici*[12]. Qui è riproposto con il titolo sintetico "Atometica", che mette insieme le traslitterazioni dei termini greci "ατομον" (átomos) e "ἠϑικά" (etica). Nel saggio affronto alcuni dilemmi morali nati con la costruzione della bomba atomica e delle centrali nucleari. Sebbene il termine "atometica" sia un neologismo, il tema dei risvolti etici e politici della fisica nucleare, con il corredo delle sue applicazioni tecnologiche in campo militare e civile, è notoriamente già stato analizzato, sviscerato e discusso in migliaia di documenti. Lo sviluppo prodigioso delle riflessioni sul nucleare si spiega con il fatto che questo campo di studi assume, sin dall'inizio, una dimensione spiccatamente internazionale e i problemi da esso generati si riverberano su scala mondiale. Obiettivo di questa ricerca è verificare fino a che punto le norme classiche dell'ethos scientifico trovino ancora applicazione nella fisica e nell'ingegneria nucleare e in che misura queste norme possano essere rilevanti per il discorso tecnoetico.

Tra le etiche della tecnica c'è anche la "Bioetica", alla quale è dedicato il quinto capitolo. Naturalmente, la bioetica può giovarsi di un radicamento nelle istituzioni, in termini di specialisti, dipartimenti, riviste accademiche, editori, convegni e mole complessiva di pubblicazioni, che sembra quasi assurdo volerla oggi costringere nel perimetro della tecnoetica, solo perché sul piano squisitamente teorico le è sovraordinato. È

---

[12] R. Campa, *Ethos e àtomos. Sulla dimensione internazionale della ricerca nucleare e dei relativi problemi etici*, in P. Prüfer (a cura di), *Erasmus – Report – Internationalization*, Wydawnictwo Państwowej Wyższej Szkoły Zawodowej im. Jakuba z Paradyża, Gorzów Wielkopolski 2015, pp. 215-250.

vero, però, che i problemi del campo sono spesso generati dalla comparsa di nuove tecnologie, come la nutrizione parenterale o le pillole abortive. Inoltre, vi sono problemi trasversali, come quelli sollevati dalla biomeccatronica o dalla biorobotica, che investono simultaneamente la bioetica e la roboetica e rinforzano l'esigenza di un quadro teorico più ampio come quello offerto dalla tecnoetica. Poiché un saggio introduttivo sui problemi pratici della bioetica non avrebbe molto senso, proprio perché la letteratura sull'argomento è ampissima, qui ho voluto includere un articolo pubblicato nel 2017 che affronta un problema teorico ancora poco esplorato: le potenzialità della bioetica sociologica. L'articolo, originariamente intitolato *Bioetica sociologica e sociologia della bioetica*[13], espone le ragioni per cui la bioetica potrebbe giovarsi di un allargamento del suo approccio interdisciplinare ai metodi delle scienze sociali e, in particolare, della sociologia. Lo scritto non mette in discussione la legittimità degli studi di impianto puramente assio-normativo, ma rimarca l'utilità di quelli a carattere analitico-descrittivo. Infine, affronta la questione epistemologica della "fallacia naturalistica" in cui potrebbero incorrere gli studi di bioetica sociologica e presenta sei casi teorici di studi che non comportano violazione della Legge di Hume. L'articolo s'inserisce bene in questo contesto, perché le considerazioni teoriche sulla bioetica possono valere anche per gli altri campi della tecnoetica.

Infine, il sesto e ultimo capitolo è stato originariamente pubblicato nel 2019 con il titolo *Tecnoetica: Una breve storia della disciplina e alcune considerazioni sui suoi fondamenti*[14]. Si badi che qui non mi sono limitato a eliminare il sottotitolo, ma ho anche reintegrato il paragrafo "Un cenno alla preistoria della tecnoetica" che, nella versione apparsa sulla rivista *Futuri*,

---

[13] R. Campa, *Bioetica sociologica e sociologia della bioetica: la svolta empirica e la questione della fallacia naturalistica*, «Rivista di scienze sociali», Vol. 19, "Corpi e identità dall'Antropologia, alla Biomedica e all'Arte", 1 settembre 2017.

[14] R. Campa, *Tecnoetica: Una breve storia della disciplina e alcune considerazioni sui suoi fondamenti*, «Futuri», N. 11, IV, 2019, pp. 145-162.

era stato eliso – in accordo con la direzione della rivista – perché il contributo sforava i parametri di lunghezza ammessi.

È importante chiarire che quello della tecnoetica non è un campo di studio altro o residuale rispetto a quelli coperti da roboetica, infoetica, atometica, bioetica, ecc. Come ho accennato sopra, in linea di principio, la tecnoetica è la disciplina ombrello che include tutte le riflessioni morali sulla tecnica. Perciò, il termine che funge da titolo di questo capitolo dà anche il titolo all'intero volume. Poiché si stanno moltiplicando gli studi e le istituzioni dedicate a campi più specifici, si può prevedere che la tecnoetica tenderà ad assumere in futuro una dimensione più teorica, incentrata sull'elaborazione di norme-quadro. È in questo spirito che ho voluto chiudere lo scritto con un decalogo che, almeno in linea di principio, è applicabile a tutte le questioni sollevate.

A tal proposito, un chiarimento è dovuto. La mia prospettiva è insieme sociologica e filosofica. Assumendo un punto di vista sociologico non ho potuto fare altro che puntare i riflettori sulle "etiche" della tecnica, al plurale. Non solo perché le aree subdisciplinari della tecnoetica sono più d'una, questione sulla quale credo che tutti siamo disposti a convenire, ma anche perché su ogni singolo problema emergono diverse posizioni, talvolta conflittuali, che sono comunque qualificate come "etiche". Da un punto di vista squisitamente empirico, le etiche sono diverse e molteplici, anche se ogni singolo attore si sforza di dimostrare che solo la propria posizione è genuinamente etica. È l'annoso problema del relativismo dei valori.

Nel titolo abbiamo, però, utilizzato la parola "etica" al singolare, perché, se la missione della sociologia è fondamentalmente analitico-descrittiva, quella della filosofia è anche assio-normativa. Si propongono soluzioni, nella speranza che siano sufficientemente persuasive da ricondurre la comunità a una visione unitaria. L'impresa di trovare soluzioni condivise può riuscire o rimanere nel novero delle utopie. Ciò non toglie che un tentativo di ragionare sugli usi delle tecnologie senza perdere di vista la stella polare del "bene comune" va fatto, quantomeno in ossequio allo statuto normativo dell'etica.

Avvertenza e ringraziamenti

I saggi sono stati inclusi, all'incirca, nella forma originaria. Al più, è stato corretto qualche refuso residuo o sono stati apportati piccoli e sporadici interventi di cosmesi stilistica. Negli articoli più datati, talvolta, è parso opportuno aggiungere note a piè di pagina, per segnalare lo sviluppo di una situazione o per chiarire meglio quale fosse la fonte dell'informazione. Poiché alcuni riferimenti supplementari portano una data successiva a quella di pubblicazione dell'articolo, per non confondere il lettore, abbiamo inserito tra parentesi quadre la dicitura [N. A.], vale a dire nota aggiunta, prima di ogni nota non presente nell'articolo originale.

Per quanto riguarda i ringraziamenti di rito, il mio pensiero va ai curatori dei tomi e delle riviste che hanno pubblicato (e talvolta invitato a scrivere) gli articoli originali. Per quanto riguarda "La scienza come modello etico", ringrazio il compianto Luciano Pellicani che l'ha accolto in versione cartacea in *Mondoperaio*, dopo che era stato pubblicato online in *Ulisse: nella rete della scienza,* portale della Scuola Superiore di Studi Avanzati di Trieste. Sinceri ringraziamenti vanno anche a Danilo Campanella, curatore del volume che ha incluso "Assiologia delle reti interconnesse", e Paweł Prüfer, curatore del volume in cui è apparso "Ethos e Atomos". Per quanto riguarda "Roboethicists and Automata" i ringraziamenti vanno indirizzati al colonnello Volfango P. M. Monaci che mi ha invitato a fare una ricerca sul tema per il Ministero della Difesa e a Stefan Lorenz Sorgner, curatore di una collana di Peter Lang in cui è apparsa la versione in inglese del presente scritto. Infine, un ringraziamento va ai direttori di due riviste: Anna Maria di Miscio e Massimo Canevacci, curatori di *Rivista di scienze sociali*, in cui è apparso "Bioetica sociologica e sociologia della bioetica", e Roberto Paura, direttore di *Futuri*, che ha pubblicato "Tecnoetica". Infine, devo dire grazie a due artisti: Maicol Borghetti, che ha concesso l'uso di un'immagine tratta dal suo ciclo di opere *Ritratti dal futuro* per la copertina del libro, e Antonino Bove, che ha tessuto una fitta rete di relazioni tra studiosi e artisti con lo sguardo rivolto al futuro.

1. Epistemetica (2004)

1.1. Nota introduttiva

Il dibattito accesosi intorno alle più recenti scoperte scientifiche e tecnologiche – in particolare la tecnica della clonazione, la creazione di organismi geneticamente modificati, la fecondazione artificiale, i computer biologici – ha riaperto l'annoso e mai sopito dibattito sugli aspetti morali e sociali della scienza. Diciamo "mai sopito" perché il discorso si innesta su discussioni antecedenti. Tra le due guerre mondiali gli scienziati erano stati messi sotto accusa per il contributo dato alla costruzione delle armi chimiche. Nella seconda metà del XX secolo la polemica era divampata riguardo la progettazione e costruzione delle armi atomiche e batteriologiche. E negli ultimi due decenni si è registrata anche una dura battaglia riguardo lo status epistemologico della scienza pura nei dipartimenti di scienze sociali, con una minoranza di filosofi e sociologi in difesa della scienza e una maggioranza contro[15].

Il dibattito ha dimensioni planetarie e non poteva non toccare l'Italia, che – nonostante investa poche risorse nella ricerca scientifica – resta uno dei paesi più industrializzati e tecnologicamente avanzati del mondo. Nel nostro paese, la discussione si è fatta subito molto intricata, per non dire confusa. La ragione è che i tradizionali movimenti intellettuali,

---

[15] Ci riferiamo qui alle cosiddette "science wars" (un'espressione inglese che possiamo tradurre con "guerre di scienza"), combattute a forza di parole, e non di armi come le guerre di religione, ma non per questo meno aspre. Nel campo razionalista o pro-scienza spiccano le figure di Merton, Popper e Bunge. Nel campo postmoderno o antiscienza vanno certamente annoverati Feyerabend, Bloor, Latour, e i loro seguaci.

politici, e religiosi si sono divisi sul problema. Si è vista in campo una critica alla scienza e alla tecnologia proveniente dal mondo cattolico, ma anche una difesa di esse proveniente da prelati, nonché da intellettuali, scienziati e politici di fede cristiana. Anche il mondo laico è risultato diviso, con intellettuali e politici di orientamento progressista e modernista corsi in soccorso della scienza e altri di orientamento luddista, postmoderno o ecologista su posizioni più o meno apertamente antiscientifiche. I partiti pro e contro la scienza sono trasversali e attraversano tutto l'arco parlamentare.

La discussione sui problemi morali sollevati dalle nuove tecnologie, in Italia come all'estero, oggi come in passato, ha assunto toni piuttosto accesi e si è spesso allargata investendo la ricerca scientifica in quanto tale. La scienza pura viene attaccata con due strategie: una piuttosto rudimentale che fa presa sull'uomo comune e una più sofisticata diretta al mondo degli intellettuali. La strategia rudimentale consiste nel presentarla come un tutto indistinto con la tecnologia. Significativo è in questo senso il vocabolario adottato dai guru del pensiero postmoderno, tra gli altri da Bruno Latour e Gianni Vattimo, che hanno adottato il termine "tecnoscienza" anche in pubblicazioni popolari[16]. Non si nega che oggi vi sia uno strettissimo legame tra ricerca scientifica e applicazioni tecniche, tuttavia come ha bene argomentato Paolo Budinich le due attività restano concettualmente distinte e distinguibili[17]. Inoltre, la distinzione regge non solo sul piano logico, ma anche sul piano storico fattuale. Boncinelli ha, infatti, evidenziato che la tecnica ha cominciato a esistere ben prima della comparsa della scienza moderna[18], ed è altresì noto che la scienza è inizialmente esistita

---

[16] Vedi l'articolo di Gianni Vattimo: *Il mistero non risolto*, apparso su *La Stampa* del 5 gennaio 2004.

[17] Cfr. P. Budinich, *Il progresso della Scienza e la scienza del Progresso*, «Ulisse», <ulisse.sissa.it/bibWorkArea.jsp>, 26 settembre 2004 (accesso).

[18] «La tecnica era ben presente anche in epoche nelle quali non si intravedeva neppure il sorgere di una scienza ed è presente in popolazioni che non hanno mai sviluppato una scienza sperimentale come la concepiamo noi». Cfr. E. Boncinelli, *Progresso possibile e progresso impossibile*, «Ulisse», <ulisse.sissa.it/bibWorkArea.jsp>, 26 settembre 2004 (accesso).

indipendentemente dalle applicazioni tecniche, tanto che in riferimento alla civiltà greco-romana si parla di "fallimento tecnologico"[19]. Tuttavia, il movimento antiscientifico sa bene che può mettere l'uomo comune contro la scienza solo con argomenti semplici e diretti, anche se infondati, e perciò accusa direttamente la tecnoscienza degli effetti indesiderati dell'industrializzazione (inquinamento, alienazione metropolitana, limitazione della privacy, invadenza dei media, guerre mondiali, ecc.).

La strategia più sofisticata, inizialmente diretta al pubblico colto e agli intellettuali ma avente effetti crescenti anche sul cosiddetto uomo della strada, insiste sulla debolezza del sapere scientifico e razionale, che non avrebbe il diritto di attribuirsi uno status epistemologico privilegiato. In parole semplici, la scienza con conterrebbe più verità di altre forme di conoscenza come la magia, l'alchimia, la stregoneria, l'astrologia, le religioni, l'occultismo, ecc.[20] Tra l'altro, sarebbe peggiore di queste sul piano umano, perché non dà speranze, non offre visioni assolute e rassicuranti. Queste tesi, al pubblico meno preparato sul piano filosofico e sociologico, e quindi non in grado di cogliere certi argomenti sofistici, giungono indirettamente e in forma molto rudimentale: «La tecnoscienza è un male», ma non preoccupatevi perché «si può credere in ciò che si vuole»[21].

1.2. L'ignoranza della scienza come problema di base

La visione antiscientifica fa breccia nell'opinione pubblica. Alla base di questo successo c'è anche l'ignoranza dei metodi e dei

---

[19] Su questo tema si veda in particolare: E. J. Dijkterhuis, *Il meccanicismo e l'immagine del mondo dai presocratici a Newton*, Feltrinelli, Milano 1980.

[20] Non entriamo nel dettaglio degli argomenti epistemologici e sociologici utilizzati perché ci porterebbe troppo lontano. Il lettore può farsi un'idea di questo approccio leggendo I. Lakatos, P. Feyerabend, *Sull'orlo della scienza. Pro e contro il metodo*, Cortina, Milano 1995.

[21] O, con una formula coniata da Feyerabend e ormai passata alla storia: «Anything goes» (va bene tutto).

risultati dell'impresa scientifica, alla quale cercano di porre rimedio i divulgatori scientifici. Tuttavia troppo esigue sono le risorse investite in questa direzione e i risultati non possono non preoccupare. Negli Stati Uniti d'America, ovvero il paese più tecnologicamente avanzato del mondo, secondo alcuni sondaggi realizzati da Gallup, la situazione è la seguente:

- Il 68% degli americani vuole il creazionismo biblico insegnato nelle scuole insieme alla teoria dell'evoluzione.
- Il 45% vuole solo il creazionismo e non l'evoluzionismo nelle scuole;
- Il 70% ritiene la teoria dell'evoluzione compatibile con l'Antico Testamento;
- Il 42% crede che le case possono essere stregate;
- Il 38% crede nei fantasmi;
- Il 28% crede che si possa comunicare con i morti;
- Il 28% crede nell'astrologia.[22]

Questa allarmante situazione viene confermata da una ricerca effettuata nel 2002 dalla "National Science Foundation", secondo la quale:

- Il 70% degli americani adulti non capisce il processo scientifico;
- Negli ultimi dieci anni c'è stata una crescita con percentuali a doppia cifra delle persone che credono nelle case stregate, nei fantasmi, nella comunicazione con i morti;
- Gli Stati Uniti dipendono fortemente dagli scienziati stranieri, tanto che gli specialisti di scienze tecnologiche "importati" sono ben il 45%;
- È molto esteso e continua a crescere la credenza nelle pseudoscienze;

---

[22] [Nota aggiunta] D. W. Moore, *Americans Support Teaching Creationism as Well as Evolution in Public Schools. Divided on origins of human species*, «Gallup News Service», August 30, 1999; Gallup, George Jr., *The Gallup Poll: Public Opinion 2001*, Scholarly Resources, Wilmington, Del. 2002, pp. 136-138; A. Sokal, *Beyond the Hoax. Science, Philosophy and Culture*, Oxford University Press, New York 2008, p. 340.

- Il 60% degli americani crede che alcune persone possiedano poteri psichici o percezioni extrasensoriali;
- Il 30% crede che gli UFO siano veramente veicoli spaziali provenienti da altri mondi;
- Il 30% legge gli oroscopi;
- Il 46% non sa dire quanto tempo impiega la terra a compiere un'orbita attorno al sole (un anno);
- Il 45% crede che il laser funzioni sulla base di onde sonore;
- Il 49% crede che gli antibiotici uccidano i virus (uccidono i batteri);
- Il 66% non crede nella teoria del Big Bang, ampiamente accettata dagli scienziati;
- Il 48% crede che gli uomini siano vissuti al tempo dei dinosauri;
- Il 47% non crede nella teoria dell'evoluzione che è ampiamente accettata dagli scienziati;
- Il 55% non sa definire il DNA;
- Il 78% non sa definire una molecola;
- Il 32% crede nei "numeri fortunati".[23]

Tutti questi dati dimostrano che l'ignoranza e la disaffezione nei confronti della scienza non sono residui della civiltà contadina. Lo dimostra il fatto che la situazione è peggiorata negli ultimi dieci anni. Le superstizioni non sono solo retaggio della tradizione, ma anche il risultato dell'azione combinata del postmodernismo popolare e dei mass media. Le televisioni e i giornali hanno trovato molto lucrosa la vendita di astrologia, magia, ufologia, occultismo, pseudoscienze e sono riusciti a giustificare il tutto sul piano filosofico grazie alla compiacenza non proprio disinteressata degli intellettuali postmoderni[24].

---

[23] [Nota aggiunta] National Science Board, *Science and technology: Public attitudes and public understanding*, in *Science and Engineering Indicators*, Vol. 1, Chapter 7, 2002, p. 12. Qui sono citati sondaggi di Gallup e una ricerca commissionata dalla "People for the American Way Foundation".

[24] In una lettera a Lakatos, Feyerabend ha ammesso che certe prospettive di guadagno lo hanno spinto a inasprire la sua battaglia contro la scienza e in difesa della stregoneria. Cfr. *Sull'orlo della scienza*, op. cit. La prova che nemmeno lui credesse nelle pseudoscienze è nel fatto che quando si è gravemente ammalato ha affidato la propria speranza di sopravvivenza ai

1.3. Il mito dell'amoralità (o immoralità) della scienza

La questione epistemologica ha dunque un'importanza strategica anche perché in essa è implicita la tesi che la violazione della morale non riguarda solo le applicazioni tecnologiche, ma la stessa scienza pura. Essa distruggerebbe credenze, producendo infelicità, senza averne il diritto. Qui starebbe la sua immoralità.

È evidente che, di fronte a tale argomentazione, ribadire la distinzione tra scienza e tecnologia, risulta un argomento corretto ma insufficiente. La presunta neutralità morale della scienza pura non è più la soluzione del problema, ma è il problema stesso.

A nostro avviso la strategia di difesa dell'impresa scientifica dovrebbe arricchirsi di nuovi argomenti, proprio per fare fronte a questo tipo di attacchi. La tesi della neutralità della scienza va messa in dubbio non solo perché è oggi poco efficace sul piano della comunicazione, ma anche perché non è del tutto vero che la scienza è amorale. E qui arriviamo al nocciolo del problema. Si sente spesso ripetere la parola "etica" *in contrapposizione* alla parola "scienza". Coloro che si oppongono alla diffusione delle nuove tecnologie, presentano la scienza come un mostro impazzito, un mostro al quale si può porre un argine soltanto grazie a una non meglio specificata etica o morale. Da una parte c'è la scienza, che nel migliore dei casi è amorale (ovvero indifferente alle sorti dell'uomo) e nel peggiore dei casi addirittura immorale (in quanto asservita al potere politico ed economico). Dall'altra c'è invece la Morale con la M maiuscola. E poiché, nella realtà sociale, non esiste una sola morale, tali interventi risultano sempre piuttosto vaghi. Tuttavia, ciò che balza particolarmente agli occhi è il postulato di partenza dell'amoralità (se non della immoralità) della scienza.

L'idea dell'amoralità della scienza sembra accettata, anche se con valutazioni opposte, da entrambi i partiti in campo. E allora

migliori specialisti di oncologia e non a stregoni o maghi. Purtroppo alcuni suoi studenti privi di senso dell'umorismo hanno trattato come dogmi le sue provocazioni dadaiste.

noi ci chiediamo da dove venga questa bizzarra idea. Diciamo "bizzarra", perché *la scienza ha ed ha sempre avuto un proprio codice etico*. Testimonianze di questo fatto esistono da almeno duemilacinquecento anni. Ne hanno parlato tutti i più noti filosofi, sociologi e scienziati del passato e del presente, e tra essi Aristotele, Platone, Cartesio, Bachelard, Popper, Merton, Monod, Bunge. Com'è possibile, dunque, che questo fatto sia completamente scomparso dall'orizzonte delle discussioni?

Le ragioni dell'attuale obliterazione, del non riconoscimento di tale ethos, sono certamente varie, ma c'è almeno un'ipotesi da tenere in particolare considerazione: questo codice è lontano dalla visione del mondo della gran parte degli uomini. I valori che la scienza considera fondanti – quando sono riconosciuti – sono spesso visti come secondari o come disvalori da altri gruppi umani. Non per caso il codice etico della scienza è entrato frequentemente in conflitto con le morali dominanti nella società. *La pietra angolare di quest'etica è, infatti, l'imperativo di cercare la verità in modo disinteressato, ossia di là dei benefici pratici personali o sociali che ne potrebbero conseguire.* Questo imperativo è l'essenza stessa dello spirito dell'impresa scientifica. È evidente allora che chi accusa la scienza di amoralità non riesce a concepire la verità come un valore in sé, e tende ad anteporre a essa altri valori (felicità, bontà, carità, bellezza, o altro ancora). Non vogliamo entrare nella questione su chi abbia ragione e chi torto in questa disputa assiologica, ma vogliamo mettere in chiaro che l'ostilità che periodicamente investe il lavoro degli scienziati deriva spesso dal non riconoscimento dei valori su cui la ricerca scientifica si fonda. Inoltre, deve essere chiaro che gli stessi scienziati tendono ad alimentare questa credenza quando affermano di essere neutrali sul piano etico.

Posto che la scienza riesca a cogliere la verità o almeno ad avvicinarsi progressivamente a essa (ipotesi che noi accettiamo), resta il fatto che non esiste neutralità della scienza proprio perché *la verità stessa è un valore*. La sola scoperta della verità favorisce alcuni gruppi sociali a scapito di altri. Per analogia si pensi alle investigazioni poliziesche: la scoperta della verità riguardo a un furto favorisce il derubato e sfavorisce il ladro. In breve, la verità scientifica non è mai neutrale dal punto di vista delle dinamiche sociali, anche quando s'indagano fatti naturali. Questo è vero di là delle possibili applicazioni tecniche. La scienza pura e i valori su cui tale impresa si sostiene hanno demolito interi sistemi etico-politici. Si pensi all'impatto sociale della teoria copernicana o dell'evoluzionismo.

1.4. Le norme etiche della scienza

Vediamo nel dettaglio queste regole etiche, così come sono state codificate da Robert K. Merton negli anni Trenta e Quaranta[25]. La norma del disinteresse ci impone di cercare la verità, quale essa sia, fidandoci solo dei sensi e della ragione e senza anteporle altri scopi. La norma dello scetticismo organizzato ci dice che non dobbiamo fidarci di alcuna affermazione che non sia sostenuta da ragioni o osservazioni. La norma del comunalismo ci impone di mettere in comune la nostra conoscenza, senza celare nulla di ciò che riteniamo vero e senza chiedere nulla in cambio (se non un riconoscimento formale). La norma dell'universalismo ci impone di non discriminare i prodotti scientifici sulla base delle caratteristiche personali dell'autore, vale a dire razza, religione, sesso, preferenze sessuali, età, fama, potere, parentela, status sociale, ricchezza, ecc. Il rifiuto del principio di autorità s'inquadra in quest'ultima norma. Queste norme hanno una natura tecnica, perché se non fossero rispettate non ci sarebbe scienza, ma hanno anche una dimensione morale, perché debbono muovere la coscienza prima ancora che l'intelletto. Esse debbono innanzitutto essere credute giuste – e non tutti le credono tali. I nazisti squalificarono la teoria della relatività perché Albert Einstein non era ariano[26]. La loro etica era in contrasto con la norma dell'universalismo.

---

[25] Cfr. "La struttura normativa della scienza" di Robert K. Merton, in *La sociologia della scienza. Indagini teoriche ed empiriche*, Franco Angeli Editore, Milano 1981, p. 357.

[26] [Nota aggiunta] P. Ball, *Einstein and Nazi physics: When science meets ideology and prejudice*, «Mètode. Science Studies Journal», vol. 10, 2020, pp. 147-155.

Come del resto quella di quei cristiani che respinsero l'idea della rotondità della terra (della quale Eratostene aveva calcolato correttamente la circonferenza) perché la teoria era stata prodotta da pagani[27].

È vero che queste norme non sono sempre rispettate. Sappiamo che molti scienziati hanno intrapreso la carriera nella speranza di guadagni. Sappiamo che nelle università esiste il nepotismo. Tuttavia, esse sono sempre nell'orizzonte di pensiero di noi ricercatori e attive nella struttura delle istituzioni scientifiche, anche quando sono violate. Un re può passare la corona al figlio con atto d'imperio, un commerciante può passare il negozio al figlio con atto notarile, ma il figlio di uno scienziato per diventare tale dovrà sottoporsi come tutti gli altri a una serie di prove (diploma, laurea, dottorato, pubblicazioni, concorso, ecc.). Potrà avere dei favoritismi, ma una cattedra non può essere trasmessa in eredità con atto legale. Perciò, diciamo che le norme del disinteresse, dello scetticismo organizzato, del comunalismo, e dell'universalismo rappresentano il DNA morale dello scienziato.

Il codice etico della scienza potrà piacere o non piacere. Si potrà anche discutere sulla sua sufficienza o sulla necessità di integrarlo con altre norme provenienti dalla società più ampia. Ma una base etica ben definita esiste già, certamente a livello prescrittivo e in misura statistica da verificare. Persino coloro che – come Barry Barnes, Jean-François Lyotard, Paul Feyerabend e altri pensatori postmoderni – hanno voluto mettere in luce l'aspetto mitico e ideologico dell'ethos della scienza, non

---

[27] [Nota aggiunta] Ci riferiamo a Costantino di Antiochia, più conosciuto con lo pseudonimo Cosma Indicopleuste, che nella sua *Topografia cristiana* rigettò la tesi aristotelica della rotondità della Terra. Si tratta, naturalmente, di un caso peculiare, ma comunque degno di nota. Cfr. Cosmas Indicopleustes, *The Christian Topography of Cosmas, an Egyptian Monk*, edited by J.W. McCrindle, Cambridge University Press, Cambridge 2010. Scrive Costantino: «I pagani non credono e sono senza speranza, essendo innamorati della saggezza di questo mondo, che non ha il potere di per sé di impadronirsi nemmeno una delle cose, a meno che non sia seguita dall'illuminazione divina» (p. 242). E aggiunge: «E dalle ombre stesse che si producono in ogni clima, è provato che il sole non supera in grandezza due climi, anzi, anche che la terra è piatta, come mostra la delineazione, e non sferica» (p. 252).

sono arrivati a negarne l'esistenza. Hanno denunciato la crescente strumentalizzazione politica dell'impresa scientifica negli anni della guerra fredda, ma nel contempo hanno implicitamente o esplicitamente riconosciuto la possibilità e la realtà storica di un ethos della scienza.

1.5. Argomenti a sostegno della moralità dell'impresa scientifica

Che la verità sia un valore di tipo etico si può comprendere innanzitutto sulla base del senso comune, ossia facendo riferimento all'atteggiamento generale della gente di fronte alla menzogna. Mentire, cioè nascondere o distorcere coscientemente la verità, è considerato dai più immorale. Nel linguaggio ordinario, la parola "bugiardo" è percepita come un offesa, non come un complimento. Non è dunque difficile comprendere che, per estensione, la ricerca della verità deve avere una base morale.

Che la scienza, intesa come impresa collettiva tesa alla scoperta della verità fine a se stessa, abbia qualcosa a che fare con gli assetti etico-politici di una società non è sfuggito a Edoardo Boncinelli che nota: «La scienza produce un'accumulazione di conoscenza e si presenta come un'arena di discussione e di critica, senza steccati e autoritarismi. Rettamente intesa, rappresenta quindi una grande scuola di libertà e di democrazia. Non è un caso che quelle nazioni che mostrano una più diffusa mentalità scientifica siano proprio quelle dove la democrazia è più salda e di più antica tradizione»[28]. Questa tesi era stata sostenuta anche da Merton, proprio per dimostrare che le norme metodologiche della scienza hanno una dimensione etica.

L'argomento può essere rafforzato da un esperimento mentale. La nostra società, come tutte quelle del passato, si regge sulla menzogna sistematica. Non si veda in questo un giudizio politico, dato che riguarda tutte le società storicamente

---

[28] E. Boncinelli, *Progresso possibile e progresso impossibile*, op. cit., pag. 4.

esistite. È una semplice constatazione del fatto che l'uomo è un animale capace di mentire e tutta una serie di meccanismi sociali lo portano spesso a usare questa facoltà. Basta vedere alcuni dati. I divorzi sono stimati in Italia intorno al 15%, una delle percentuali più basse in Europa[29], mentre l'adulterio pare essere diventato un fenomeno di massa[30]. È evidente allora che l'istituzione famiglia si regge in molti casi sulla menzogna. Il sistema politico, lo stesso. Senza indulgere nel qualunquismo, è sotto gli occhi di tutti il fatto che non è possibile vincere le elezioni dicendo tutta la verità su ciò che si intende fare. Non c'è bisogno di scomodare Machiavelli per comprendere che un minimo di demagogia è sempre necessario, dato che l'elettorato non sceglie solo in base alla ragione, ma anche sull'onda dell'emozione. L'inganno è diffuso e accettato come regola del gioco nel mondo sportivo. Il dirigente che in tempo di calciomercato simula interesse per un calciatore al fine di soffiarne un altro alla squadra avversaria *inganna lecitamente*. Così, l'allenatore che fa pretattica sulla possibile formazione. E il tifoso non stigmatizza il calciatore della propria squadra che simula il fallo per ottenere un rigore. Ma la verità non è nemmeno la massima preoccupazione degli imprenditori, che simulano una buona prospettiva di guadagno per ottenere prestiti dalle banche, o una cattiva situazione finanziaria per non pagare gli straordinari ai dipendenti; né dei commercianti che dei prodotti dicono solo i pregi e non i difetti, né dei sindacalisti, degli operai e dei militari in guerra. Persino poliziotti e magistrati, che pure sono preposti alla ricerca della verità, possono ricorrere a menzogne e inganni per incastrare i

---

[29] [Nota aggiunta] «Il numero di separazioni e di divorzi è in costante aumento. Gli ultimi dati riferiti al 2004 indicano oltre 80mila separazioni l'anno e oltre 45mila divorzi. Il numero medio di divorzi per 100 matrimoni è nel nostro Paese pari a circa 15. (...) Si tratta, comunque, di valori decisamente più bassi della gran parte d'Europa, di quanto registrato in Francia dove si sciolgono per divorzio 42 matrimoni su 100, o nel Regno Unito (47 su 100) o in Germania (46 su 100)». ISTAT, *Il matrimonio in Italia: un'istituzione in mutamento. Anni 2004-2005*, 12 febbraio 2007, p. 5.

[30] [Nota aggiunta] L. Laurenzi, *Donne, l'infedeltà ora è un diritto*, «la Repubblica», 23 settembre 2004.

malviventi. Come ha acutamente notato Leon Trotsky: «L'operaio che non nasconde al capitalista la "verità" sulle intenzioni degli scioperanti è un puro e semplice traditore che non merita che disprezzo e boicottaggio. Il soldato che comunica la "verità" al nemico è punito come spia. Kerensky stesso tenta di accusare fraudolentemente i bolscevichi di avere comunicato la "verità" ai capi di Stato maggiore di Ludendorff. La "sacra verità" non sarebbe dunque un fine in sé? La dominano criteri imperativi, che, l'analisi lo dimostra, rivestono un carattere di classe... I proletari tedeschi non possono forse ingannare la polizia di Hitler?»[31].

Sulla menzogna si reggono anche le truffe e la ciarlataneria, che vedono in maghi e astrologi l'espressione più evidente. Più delicato il discorso sulle religioni, ma anche qui la logica ci dice che sono tantissime, sono diverse, e perciò non possono essere tutte vere. Anche ammettendo che una sia vera, resta il fatto che tutte le altre si debbono reggere necessariamente sulla menzogna e sull'inganno (o, comunque, sul rifiuto di cercare la verità).

Proviamo allora a fare il nostro esperimento mentale e immaginiamo che la morale degli scienziati diventi un modello per tutti e tutti la facciano propria. Non saremmo di fronte alla rivoluzione più grande della storia dell'umanità? Non cambierebbe completamente il modo di vivere degli uomini? Io non so se la società cambierebbe in meglio o in peggio, ovvero se gli uomini sarebbero più o meno felici, ma certamente cambierebbe tutto. E questo avvalora l'ipotesi che la scienza pura non è neutrale sul piano della morale, ma porta con sé valori specifici.

Certo non si tratta di un'etica intesa come ricerca della felicità – alla maniera degli antichi – oppure di etica intesa come volere di Dio – alla maniera dei medievali – ma si tratta di etica kantiana, fondata sull'imperativo categorico. Kant proponeva un semplice "algoritmo" per riconoscere se un'azione è morale oppure no. Bisogna figurarsi la norma che ispira l'azione e chiedersi se vorremmo che diventasse legge universale. Se la risposta è positiva, allora la nostra azione è morale.

---

[31] L. Trotsky, *Letteratura, arte, libertà*, Swarz, Milano 1958, p. 162.

Spieghiamolo in termini più semplici. Il ladro che sta per commettere un furto potrebbe chiedersi: «Vorrei io che il furto diventasse legge universale, ovvero che tutti rubassero invece di lavorare?». È evidente che la risposta sarebbe negativa. Se tutti rubassero e nessuno producesse, non ci sarebbe nulla da rubare. Perciò il furto è immorale.

Lo scienziato, dal canto suo, può kantianamente chiedersi: «Vorrei io che la ricerca disinteressata della verità diventasse legge universale, ovvero che tutti si rappresentassero la realtà naturale e sociale usando la ragione e i sensi e abbandonassero i propri pregiudizi?». La risposta – almeno dal mio punto di vista soggettivo – è positiva. Ecco perché la scienza è morale.

Anche Jacques Monod si è accorto che il metodo scientifico si regge su un codice morale, che lui chiama "etica della conoscenza". E anche nel vocabolario di Monod l'etica della conoscenza è un imperativo categorico che chiede all'uomo di cercare la verità per se stessa, di là dei vantaggi che se ne possono conseguire. Si tratta dunque di una norma morale austera, che richiede duri sacrifici. Secondo il biologo è questa la norma etica che sta a fondamento dell'impresa scientifica: lo scienziato autentico sacrifica tutto alla verità, quale essa sia. Detto in termini filosofici, esiste un'assiologia della scienza che pone il valore della verità al di sopra di ogni altro valore, sia esso la felicità, l'utilità, la giustizia, la bellezza, o altro ancora. Questi possono ancora essere riconosciuti come valori, ma occupano necessariamente posizioni gerarchiche inferiori nell'assiologia della conoscenza scientifica.

Secondo Monod, solo alcuni uomini riescono ad accettare l'austera etica della conoscenza. La scienza si è potuta affermare come forza sociale fondamentale, anche se il suo spirito non è patrimonio comune, grazie alla tecnologia. Gli scienziati, per farsi accettare, hanno dato tecnologia agli altri uomini piuttosto che cercare di convincerli che il mondo naturale e sociale può essere letto in maniera diversa. È una scorciatoia che porta con sé molte insidie, perché la tecnica è un'arma a doppio taglio. Molti uomini, pur non comprendendone e non condividendone lo spirito, hanno utilizzato la scienza per ottenere potere o denaro. Uomini dalla mentalità primitiva hanno usato uno strumento spiritualmente elevato senza farlo proprio fino in fondo. Questo processo ha portato a una crescita della scienza, senza che il suo spirito riuscisse a radicarsi nell'uomo. Di qui la crisi – secondo Monod – dell'uomo moderno, che vive in una società scientificamente e tecnologicamente avanzata, ma in cuor proprio non capisce o respinge la scienza. La odia perché essa distrugge sistematicamente i miti, le favole alle quali l'uomo tende ad affidarsi per superare l'angoscia generata dalla propria condizione esistenziale.

L'umanità, secondo Monod, è ora di fronte a un bivio: o gli uomini entrano nello spirito della scienza (ovvero cercano la verità per se stessa, di là delle applicazioni) e allora si ristabilisce un equilibrio, un'armonia, una consonanza, tra struttura sociale e cultura, oppure si va verso il collasso, la catastrofe. Evidentemente, Monod, scrivendo negli anni Settanta, stava pensando al pericolo del conflitto nucleare e alla possibile estinzione della specie.

L'idea più interessante della prospettiva di Monod è tuttavia *la spiegazione*, vale a dire il perché dell'esistenza dell'etica della conoscenza. Secondo lui, ci deve essere un'origine genetica tanto dell'etica della scienza quanto del suo sistematico rifiuto da parte degli uomini. Partiamo da un dato: l'uomo moderno non è biologicamente dissimile dai cacciatori raccoglitori del paleolitico superiore. L'uomo di Cro-Magnon, per intenderci, aveva un patrimonio genetico paragonabile al nostro. La differenza tra noi e loro è soltanto nel patrimonio culturale. Monod si chiede allora: è mai possibile che ci siano voluti *centomila_anni* per riconoscere che: A) conoscere la Natura è un valore in sé; B) la Natura ha un carattere oggettivo; C) per conoscerla non c'è metodo migliore che confrontare sistematicamente logica ed esperienza?

Sono le tre idee fondamentali che stanno alla base dell'impresa scientifica e che, soprattutto negli ultimi quattro secoli, hanno cambiato il mondo e aperto le porte a conoscenze prima inimmaginabili. Com'è possibile, si chiede Monod, che una civiltà avanzata come quella cinese non sia mai stata sfiorata da queste idee? Idee che, tra parentesi, non hanno trovato spazio nemmeno nella grande civiltà dei Sumeri e in numerose altre. E com'è possibile che anche in Occidente, dopo Talete e Pitagora, ci siano voluti 2500 anni affinché queste idee diventassero rispettabili? E com'è possibile – aggiungiamo noi – che ancora oggi tanti europei e americani le mettono in discussione e rifiutano di accettarle?

Secondo il biologo la spiegazione deve essere nei geni. Prendiamo in considerazione il classico tema filosofico della condizione umana. Siamo esseri coscienti in un mondo che ci è ostile, nel senso che non è assolutamente plastico alla nostra volontà e ai nostri desideri. Oltretutto, non sappiamo *perché* siamo qui, dove la parola "perché" può essere interpretata tanto in senso causale (per quale causa) quanto in senso teleologico (per quale fine). Le uniche certezze che abbiamo sono l'invecchiamento e la morte. La condizione umana genera angoscia. L'angoscia di fronte ai misteri dell'esistenza è un fatto precipuamente umano. E, se è un fatto precipuamente umano, deve avere qualche radice biologica. Utilizzando la terminologia di Monod, ci deve essere un legame tra l'evoluzione delle idee e l'evoluzione della biosfera.

Monod nota giustamente che «l'angoscia creatrice [è all'origine] di tutti i miti, di tutte le religioni, di tutte le filosofie e della scienza stessa»[32]. Questo è stato notato da molti altri pensatori, ma l'autore de *Il caso e la necessità* ci spiega anche perché, storicamente, i miti e le religioni hanno prevalso sulla filosofia e sulla scienza. Detto in altri termini, l'*etica della coesione* ha prevalso per centomila anni sull'*etica della conoscenza* e questo fatto ha un perché. Potremmo anche dire che ha prevalso per almeno tre milioni di anni, se consideriamo umani, come in effetti dovremmo, anche l'*Homo habilis*, l'*Homo erectus* e *Homo sapiens neanderthaliensis*.

Per centinaia di migliaia di anni, il destino di un singolo essere umano si confuse con quello del suo gruppo, della sua tribù, al di fuori della quale gli era impossibile sopravvivere. La tribù, d'altra parte, poteva sopravvivere solamente grazie alla sua coesione. […] Da qui l'estrema forza soggettiva delle leggi che

---

[32] Cfr. J. Monod, *Il caso e la necessità*, Mondadori, Milano 1971, pp. 138-142.

organizzavano e assicuravano tale coesione. Talvolta un individuo poteva infrangerle ma nessuno, probabilmente, avrebbe mai pensato di negarle.

Data l'enorme importanza selettiva, inevitabilmente assunta da simili strutture sociali e per un così lungo periodo di tempo, è difficile non pensare che esse abbiano influito sull'evoluzione genetica delle categorie innate del cervello umano. Quest'evoluzione non solo doveva agevolare l'accettazione della legge tribale, ma creare anche il *bisogno* della spiegazione mitica che ne è il fondamento e che le conferisce la sovranità. Noi siamo i discendenti di questi uomini. È da loro che abbiamo ereditato probabilmente l'esigenza di una spiegazione, l'angoscia che ci costringe a cercare il significato dell'esistenza...

Dal canto mio non dubito affatto che quest'imperiosa necessità sia innata, che sia inscritta da qualche parte nel linguaggio del codice genetico, che si sviluppi spontaneamente[33].

La coesione del gruppo acquista particolare importanza perché l'uomo è l'unico animale che uccide sistematicamente i propri simili. La tribù sopravvive se è coesa e non può essere coesa se qualcuno solleva continuamente dubbi su tutte le credenze che regolano la vita della tribù, pretende discussioni aperte, prove razionali ed empiriche, e soprattutto di non discriminare gli appartenenti ad altre tribù. Tutto questo in nome della verità. È plausibile che tali individui, se mai sono comparsi nel corso dei milioni di anni in cui l'uomo si è evoluto, siano stati eliminati o ridotti al silenzio. Probabilmente ci sono stati molti più Giordano Bruno di quanti ne possiamo immaginare. Chi sviluppava i geni dello scienziato riusciva difficilmente a trasmetterli e questo spiegherebbe il fatto che ci sia voluto così tanto tempo affinché la scienza potesse affermarsi. Questa è un'ipotesi suggestiva, ma resta una ipotesi tutta da dimostrare. L'ultima parola su questa idea la dirà forse la ricerca nel campo della genetica, che sta facendo grandi progressi.

---

[33] *Ibidem.*

1.6. Nota conclusiva

Il messaggio principale di questo breve saggio è che la scienza non solo non è amorale o immorale, ma costituisce anzi un'importante modello etico. Per questa ragione, al politico che vorrebbe regolare la scienza con l'etica della politica si dovrebbe rispondere che, sì, siamo aperti ad allargare la nostra prospettiva e a integrare la nostra etica con altre norme, a patto che il mondo della politica si impegni a fare proprie alcune delle nostre regole. Al religioso che vorrebbe regolare l'attività scientifica con la morale cristiana, musulmana o induista, si dovrebbe rispondere che senz'altro alcune limitazioni possono essere introdotte in rispetto a queste tradizioni, ma a patto che le Chiese introducano nelle loro dottrine qualche regola dell'etica della conoscenza. All'uomo comune che chiede allo scienziato di tenere conto del *senso comune*, si dovrebbe rispondere che certamente la saggezza popolare può insegnare qualcosa e non va ignorata, ma l'uomo comune dovrebbe dare qualcosa in cambio, impegnandosi a vivere la propria realtà quotidiana nello spirito dell'etica della scienza.

In definitiva, invece di cospargerci il capo di cenere, oppure di ritirarci in una torre d'avorio, di fronte agli attacchi concentrici di politici, religiosi e cittadini, cerchiamo di fare loro capire che la scienza è anche un modo di intendere la vita. Fare propri i valori della scienza – ovvero disinteresse, scetticismo organizzato, comunalismo e universalismo – significa introdurre nella vita sociale più sincerità, meno ingenuità, più generosità, meno xenofobia. Non mi pare cosa da poco.

2. Roboetica (2010)

2.1. Premessa

Lo sviluppo della robotica e dell'automazione ha ispirato la fondazione di una nuova disciplina accademica: la *roboetica*. Forse sarebbe più corretto parlare di sub-disciplina o campo di studi, perché la roboetica resta ancora concettualmente una branca dell'etica applicata. È, però, vero che alcune subdiscipline si sono rafforzate al punto di acquisire una propria autonomia, sul piano degli insegnamenti, dei finanziamenti, dell'eco mediatica, delle unità amministrative e delle pubblicazioni accademiche. Il caso più eclatante, in questo senso, è quello della *bioetica*.

Vedere la roboetica in questa prospettiva, anche sul piano istituzionale, sarebbe a nostro avviso più conveniente, perché la comparsa di computer biologici, cyborg, ibridi animale-macchina, robot con parti organiche, genererà presto un cortocircuito tra roboetica e bioetica. Per non dovere poi invocare la necessità di studi inter-sub-disciplinari, sarebbe meglio sin dall'inizio elaborare e rafforzare a livello amministrativo una disciplina di più ampia portata, pur con le proprie diramazioni. La concomitante fondazione della *tecnoetica* è un tentativo di rispondere a questa esigenza. Tuttavia, quand'anche la roboetica fosse solo un campo di studi, di essa si sente fortemente l'esigenza[34]. Del resto, in lingua inglese, si è già affermato l'uso di denominare "robo-ethicists" o

---

[34] D. J. Gunkel, *The Machine Question. Critical Perspectives on AI, Robots, and Ethics*, The MIT Press, Cambridge-London 2012, p. 2.

"roboethicists" gli esperti di problemi etici e morali legati allo sviluppo della robotica[35].

Iniziamo allora da una definizione, ricorrendo a un contributo di Antonio Monopoli: «Potremmo definire la roboetica quella parte dell'etica che si occupa delle problematiche legate ai robot e alla loro interazione con l'uomo, gli animali, la società, la natura ed il mondo in generale»[36]. Subito dopo, Monopoli precisa che «ai fini del nostro studio possiamo distinguere i robot secondo diverse categorie: robot antropomorfi e non antropomorfi, robot con somiglianza agli animali o meno, robot con gradi diversi di capacità di elaborazione, robot con gradi diversi di capacità di interazione con l'ambiente esterno, robot con componenti organiche o meno»[37]. Partiremo dunque da questa definizione, anche se – in vista degli sviluppi futuri delle macchine robotiche – si renderà probabilmente necessaria una rielaborazione più precisa degli scopi e dei metodi della roboetica.

2.2. Nascita della disciplina

Per quanto riguarda la nascita della disciplina, ci troviamo di fronte ad un dilemma classico: dobbiamo guardare alla sostanza del problema (la semplice presenza di scritti sul tema, anche anticipatori) o piuttosto alla forma del problema (la denominazione della disciplina, la chiara delimitazione del campo di studi, la presenza nelle istituzioni accademiche, la nascita di giornali specializzati, l'organizzazione di simposi nazionali e internazionali)?

---

[35] P. Ganapati, *Robo-Ethicists Want to Revamp Asimov's 3 Laws*, «Wired», 22 luglio 2009; P. Lin, K. Abney, G. A. Bekey (a cura di), *Robot Ethics. The Ethical and Social Implications of Robotics*, MIT Press, Cambridge (MA) 2012; N. T. Fitter, P. M. Nichols, *Applying the Capability Approach to the Ethical Design of Robots*, <www.openroboethics.org>, 15 maggio 2015 (accesso).

[36] Cfr. www.roboetica.it, sito di cui Monopoli è curatore. Su supporto cartaceo, si può consultare anche: A. Monopoli, *Roboetica. Spunti di riflessione*, Lulu.com, Morrisville 2007.

[37] *Ibidem.*

Se si guarda alla sostanza, si può – come sempre! – risalire addirittura ai Greci e ad Aristotele. Lo Stagirita già fantasticava la nascita degli automi e immaginava un'umanità ove non fosse più necessario lo schiavismo: «Se, infatti, ogni strumento per un qualche comando o una capacità di presentire, potesse compiere la sua propria opera, come dicono che facessero le statue di Dedalo o i Tripodi di Efesto dei quali il poeta canta che da soli entrano nel divino agone, se a questo modo le spole da sole tessessero ed i plettri suonassero da sé, allora né gli imprenditori avrebbero bisogno di operai, né i padroni di schiavi»[38].

In potenza, si delineava dunque un valore etico positivo nelle macchine in grado di lavorare autonomamente, pur solo immaginate. Karl Marx, osservando la situazione nell'Inghilterra del XIX secolo, e commentando proprio Aristotele, affermò sarcasticamente che i pagani «erano assolutamente estranei sia all'economia politica sia allo spirito cristiano. Per giunta non seppero vedere nella macchina il mezzo più infallibile per prolungare la giornata lavorativa»[39].

L'autore del *Capitale* notava, infatti, che «un sistema di macchine, dal momento che è messo in moto da un primo motore che si muove da solo, costituisce in se stesso *un unico grande automa*». Tuttavia, le «singole macchine utensili» richiedono «ancora per qualche movimento l'intervento dell'operaio»[40]. Sicché, all'apparire dei primi automi industriali, l'effetto imprevisto e indesiderato fu il licenziamento in massa degli operai e l'allungamento dell'orario di lavoro di quelli che restavano (visto che faticavano meno, dovendo solo guardare la macchina). In realtà, non tutta l'economia politica si era mostrata insensibile alla questione. Il problema dell'iniqua redistribuzione dei benefici provenienti dalla macchina, e in particolare l'effetto indesiderato della disoccupazione tecnologica, era stato ammesso anche da David Ricardo, nella

---

[38] Aristotele, *Politica e Costituzione di Atene,* a cura di C. A. Viano, UTET, Torino 1955, p. 57.

[39] K. Marx, *Il Capitale*, a cura di E. Sbardella, Newton Compton, Roma 1996, p. 303.

[40] Ivi, p. 283.

terza edizione dei suoi *Principi di economia politica e dell'imposta*[41].

Il dibattito si intensifica, nel XX secolo, all'apparire di forme sempre più sofisticate di automi, robot industriali, umanoidi, e decolla definitivamente all'inizio del XXI secolo. In buona misura, la discussione al riguardo potrebbe essere teoricamente ricondotta alla roboetica, perché riguarda il "bene" e il "male" che la comparsa di automi e robot genera nella società o in certe categorie sociali.

In linea di principio, potremmo dunque affrontare la questione della roboetica in una prospettiva storica e filosofica molto ampia, ma qui seguiremo una strada diversa. Guarderemo più alla forma e all'attualità. Probabilmente, c'è più di un pretendente al titolo di inventore della disciplina. Uno di questi è Gianmarco Veruggio, che rivendica l'ideazione del nome e dunque della cosa a partire dal 2002, nell'articolo "La nascita della roboetica"[42]. Il riconoscimento è dovuto, ma non tanto per aver inventato il nome, quanto per l'impegno teso ad avviare un dibattito a livello internazionale. Insieme a Fiorella Operto, ha operato con continuità e concretezza, per dare basi solide a questo campo di studi[43].

Nel sito della *Scuola di robotica* di Genova, che fornisce anche una prima bibliografia in Italiano, leggiamo che «il vocabolo, e il concetto, della Roboetica, sono nati dal robotico Gianmarco Veruggio che, nel 2004, a Villa Nobel, Sanremo, ha

---

[41] D. Ricardo, *Principi di economia politica e dell'imposta*, UTET, Torino 2006. Per una breve storia della disoccupazione tecnologica si veda: R. Campa, *Non solo veicoli autonomi. Passato, presente e futuro della disoccupazione tecnologica*, in R. Paura, F. Verso (a cura di), *Segnali dal futuro*, Italian Institute for the Future, Napoli 2016.

[42] G. Veruggio, *La nascita della roboetica*, in «Leadership medica», n. 10, 2007.

[43] G. Veruggio, F. Operto, *Roboethics: a Bottom-up Interdisciplinary Discourse in the Field of Applied Ethics in Robotics*, «International Review of Information Ethics», Vol. 6 (12), 2006, pp. 2-8; G. Veruggio, F. Operto, *Roboethics: Social and Ethical Implications of Robotics*, in B. Siciliano, O. Khatib (a cura di), *Springer Handbook of Robotics*, Springer, Heidelberg 2008, pp. 1499-1524; G. Veruggio, *Roboetica: una nuova etica per una nuova scienza*, «Micromega», n. 7, 26 ottobre 2010.

chiamato a riunione robotici e studiosi da tutto il mondo, per dibattere il tema dell'etica che ispiri la progettazione e l'impiego delle macchine intelligenti, i robot»[44].

2.3. Il primo simposio internazionale di roboetica

Un primo tentativo di mettere a confronto idee e prospettive nell'ambito della roboetica è, infatti, già stato realizzato. Ed è stata proprio l'Italia a promuovere l'iniziativa. Il 30 e 31 gennaio del 2004, ingegneri robotici, scienziati, ma anche filosofi, giuristi e cultori di discipline umanistiche provenienti da tutto il mondo, si sono dati appuntamento a Sanremo, nella storica villa che fu di Alfred Nobel, per discutere delle problematiche inerenti ai rapporti tra esseri umani e robot. Il primo simposio internazionale sulla roboetica è stato organizzato dalla Scuola di robotica del CNR di Genova, presieduta dal professor Veruggio e diretta dalla dottoressa Fiorella Operto. Così Operto ha descritto l'evento:

> Scopo dell'incontro è discutere le prime linee guida per una gestione etica e non dannosa del rapporto uomo-automi, in considerazione del fatto che la popolazione mondiale dei robot è in crescita esponenziale: nel 2004 ce ne saranno oltre 975 mila sparsi su tutto il pianeta. Molti gli esperti di livello assoluto: c'è anche il "papà" degli umanoidi giapponesi, Hirochika Inoue, Professore al Department of Mechano-Informatics della School of Information Science and Technology dell'Università di Tokio. Con lui, altri famosi ricercatori robotici del Sol Levante: Kazuo Tanie, Atsuo Takanisi (anch'essi coinvolti nel Progetto Umanoidi), e Tamaki Ura, che si occupa di robotica marina. Ronald Arkin, Direttore del Mobile Robot Laboratory del Georgia Institute of Technology di Atlanta (Usa), uno dei grandi nomi della robotica internazionale, lancia il dibattito sul tema delle bombe intelligenti e dei robot umanoidi che potrebbero sostituirle nelle prossime guerre[45].

---

[44] Scuola di robotica, *Roboetica*, <www.scuoladirobotica.it>, 1 gennaio 2011 (accesso).

La "benedizione" all'iniziativa è arrivata nientemeno che dall'allora Presidente della Repubblica Carlo Azeglio Ciampi: «Iniziative come questa contribuiscono a rafforzare il nuovo umanesimo fondato sui principi dello sviluppo compatibile e del rispetto della persona umana»[46]. Significativamente, il Presidente ha parlato di "nuovo umanesimo" e non semplicemente di "umanesimo". Da tempo, è in corso un dibattito volto a chiarire fino a che punto le nuove tecnologie impongano una revisione del vecchio paradigma umanistico. Chi è convinto di questa necessità la esprime attraverso concetti come "post-umanesimo" o "trans-umanesimo"[47].

L'invito è stato allargato anche a intellettuali che provengono dal mondo della letteratura. A discutere di roboetica c'era, per esempio, Bruce Sterling, il guru della fantascienza cyberpunk. Questo testimonia la grande apertura mentale degli organizzatori, che non si sono arroccati in difesa di una supposta superiorità delle scienze naturali e ingegneristiche, ma si sono confrontati anche con filosofi e artisti.

Presenti anche Brian Duffy, ingegnere robotico del Mit-Media Lab Europe; Dario Floreano del Politecnico di Losanna; e Paolo Dario, direttore dell'Arts-Lab della Scuola Superiore Sant'Anna di Pisa e capo di un importante progetto di collaborazione italo-giapponese sugli umanoidi. Le valutazioni etiche possono assumere sfumature diverse a seconda della provenienza culturale, della formazione accademica, della sensibilità individuale, ma su un punto sono tutti d'accordo: se il XX secolo è stato il secolo della macchina, il XXI sarà il secolo dei robot.

---

[45] F. Operto, *Roboetica da tutto il mondo*, «Fondazione Informa», anno 6, n. 1, 2004.

[46] *Ibidem*.

[47] Sui rapporti tra umanesimo, transumanesimo e postumanesimo si veda: R. Campa, *Mutare o perire. La sfida del transumanesimo*, Sestante Edizioni, Bergamo 2010, pp. 21-52; R. Ranisch, S. L. Sorgner (a cura di), *Post- and Transhumanism. An Introduction*, Peter Lang Edition, Frankfurt am Main 2014.

Pare dunque che Giappone e Italia siano piuttosto sensibili ai problemi della roboetica. Il Giappone sta lavorando addirittura su una legislazione *ad hoc* e, dunque, siamo già nella fase avanzata della *robopolitica*, mentre in Italia si moltiplicano le iniziative e i siti Internet che trattano l'argomento. Tuttavia, gli italiani non hanno complessi di inferiorità. Sottolinea Veruggio che «la produzione italiana in questo campo è tra le migliori al mondo e abbiamo esportato robot anche in Giappone. È un nostro punto di forza, ma non possiamo fare di più»[48].

2.4. Una disciplina dei futurabilia

Considerando che la roboetica è *in statu nascendi*, con problemi che al momento rientrano soltanto nel novero delle possibilità, c'è chi ha posto il problema dell'opportunità stessa di questa subdisciplina filosofica. Veruggio ritiene che l'opera di informazione, discussione ed elaborazione delle regole etiche vada messa in atto subito e, possibilmente, con il contributo degli stessi scienziati che progettano le macchine. Il rischio è che in futuro fanatici luddisti, facendo leva su un'opinione pubblica disinformata e impaurita, possano bloccare del tutto le ricerche e le applicazioni nel campo. Queste le sue parole: «L'importanza, e l'urgenza, di una Roboetica giacciono nelle lezioni della nostra storia recente. Due dei campi più avanzati della scienza e della tecnologia, la Fisica Nucleare e l'Ingegneria Genetica, sono stati costretti ad affrontare le conseguenze delle applicazioni delle loro ricerche sotto la pressione di eventi drammatici e complessi. In molti paesi, l'opinione pubblica, scioccata da alcuni di questi effetti, ha chiesto di fermare le applicazioni di entrambi i settori, o di controllarli strettamente»[49].

Di conseguenza, «è giusto preoccuparsi ora del futuro della robotica per non essere accusati in futuro di essere stati irresponsabili... oggi non siamo in grado di mettere le tre leggi

---

[48] F. Operto, *Roboetica da tutto il mondo*, cit.

[49] G. Veruggio, *La nascita della roboetica*, cit.

[di Asimov] nel cervello di un robot. Stiamo costruendo macchine sempre più potenti, ma non possiamo garantire che non vengano utilizzate male. E in futuro potrebbe esserci il rischio che il dibattito su questi temi sia manipolato da estremisti e fanatici, con strumentalizzazioni politiche»[50].

In effetti, i timori espressi da Veruggio non sembrano del tutto infondati, se si guarda alla recente storia italiana. Nel nostro Paese, mobilitando ampi settori dell'opinione pubblica, i tecno-scettici sono riusciti a bloccare la ricerca e le applicazioni prima nel campo della fisica nucleare, con un referendum indetto sull'onda delle emozioni causate dall'incidente di Chernobyl, e poi di alcuni settori delle biotecnologie, tra i quali la fecondazione artificiale e la ricerca sulle cellule staminali embrionali, con la legge 40/2004. Se si avverte la necessità di introdurre alcune limitazioni alla ricerca o alle applicazioni tecniche, per ragioni etiche, forse è meglio se l'impulso viene dagli stessi esperti impegnati nel campo.

Davide Bennato esprime lo stesso concetto con un'analogia: la roboetica sta all'etica, come la formula uno sta all'industria automobilistica. «Perché parlare di roboetica, quando ancora i robot sono dei computer sofisticati, ma limitati? Credo che per la roboetica – la parte futuristica della tecnoetica – valga il principio della Ferrari. Ovvero: perché si spende quel fiume imponente di denaro nelle corse di formula 1? C'è un ritorno economico? Sì, c'è, lo sappiamo tutti. Le corse automobilistiche sono dei grandi laboratori all'aperto che servono per testare tecnologie che verranno adottate nelle automobili prodotte in serie. Stessa cosa per la roboetica: il problema è lontano, ma è bene prendere familiarità con questi diversi modi di ragionare quando la "rivoluzione robotica" sarà all'inizio»[51].

Esistono però anche voci discordi. C'è chi afferma che parlare di roboetica ora è inutile e prematuro. Il problema è che i robot e i nanobot sono diversi da tutte le tecnologie precedenti. L'energia nucleare può essere utilizzata per riscaldare le case o

---

[50] Cfr. F. Operto, *Roboetica da tutto il mondo*, cit.

[51] D. Bennato, *Roboetica: un caso emblematico di tecnoetica*, www.tecnoetica.it, 19 aprile 2004.

per distruggerle. La scelta sta all'uomo ed è quindi all'uomo che l'argomento morale si rivolge. Ma, se l'oggetto tecnologico diventa soggetto capace di decidere, rivolgere raccomandazioni etiche al costruttore non ha più alcun senso. Così si esprime sul problema Giuseppe Bonaccorso: «L'etica è un risultato della coscienza e non il contrario, quindi se si desidera parlare di tale argomento applicato alle strutture robotiche si deve prima accettare che nessun ingegnere dovrà mai pretendere un'azione piuttosto che un'altra, egli, al massimo, potrà cercare di correggere gli errori, ma dovrà essere la macchina ad auto-assimilare le nuove regole dopo averle filtrate e adattate alla sua rappresentazione interna dell'ambiente»[52].

Bonaccorso precisa che con ciò non intende dire che un buon robot evoluto non *dovrebbe* essere costruito per essere amico dell'uomo e che la sua "missione" implicita non *dovrebbe* essere la convivenza pacifica. Il problema è che, se l'obiettivo viene raggiunto, ciò significa che il prodotto non è ancora un soggetto etico, ma un oggetto molto sofisticato ancora controllato interamente dall'uomo. «È molto importante tenere presente che una ricerca scientifica il cui obiettivo è subordinato ad un qualsivoglia insieme di imperativi etici non potrà essere destinata a forgiare nuove creature, al massimo essa può aspirare a migliorare gli automi già relativamente diffusi, esattamente come avviene nel campo delle automobili o delle telecomunicazioni. Vale la pena quindi discutere di roboetica? A mio parere, no. Aspettiamo che la scienza faccia il suo corso e, qualora un giorno ci si dovesse imbattere in un "Terminator", prima scappiamo e poi, a mente serena, discutiamo del problema e cerchiamo di definire tutte quelle regole che "i nuovi figli dell'uomo" devono imparare a rispettare!»[53].

Il ragionamento di Bonaccorso è senz'altro interessante e – in una certa prospettiva concettuale – sensato. Tuttavia, è in contraddizione con il nostro orientamento (e anche con quello di Veruggio, Bennato, Monopoli e Operto), se non altro perché

---

[52] G. Bonaccorso, *Saggi sull'Intelligenza Artificiale e la filosofia della mente*, Lulu.com, Morrisville 2011, p. 168.

[53] Ivi, pp. 169-170.

concepisce in modo diverso la roboetica e il robot. Pare di capire che, per questo studioso, un robot sia tale soltanto se cosciente e che esso sia il destinatario ultimo delle raccomandazioni etiche. Ma il discorso cambia se il robot viene concepito in termini più generali e se si ammette che i destinatari delle raccomandazioni sono innanzitutto progettisti, costruttori, proprietari e utilizzatori.

La questione etica si pone così in termini diversi e resta sul campo sia che il robot risulti completamente controllato dall'uomo, sia che sia in parte autonomo e cosciente, sia che appaia tale pur non essendolo. Aggiungiamo, inoltre, che il problema dell'autonomia e della coscienza può anche essere posto "per gradi" e non semplicemente in termini "discreti": sì o no. Capita anche a un essere umano di essere in situazione intermedia tra piena coscienza e non coscienza. Si pensi a certi stati di coma, allo stato di dormiveglia, alle alterazioni della coscienza dovuta all'assunzione di alcol o di medicinali, o anche ai diversi stati di coscienza di un bambino che non conosce ancora il linguaggio, di un adulto nel pieno vigore, di un anziano affetto da una malattia degenerativa, di una persona affetta da una malattia psichica, ecc.

Dunque, conviene concepire la roboetica in termini diversi, includendo la dimensione descrittiva oltre che quella prescrittiva, facendone oggetto di studio sia i comportamenti umani diretti verso i robot che quelli dei robot diretti verso gli esseri umani e concependo la "coscienza" in termini gradualistici. In ogni caso, conviene parlare di comportamenti e non di azioni (concetto che implica una volontà), proprio perché la categoria dei robot non si limita a quelli dotati di una coscienza di tipo umano. Infine, bisogna evitare di concepire la roboetica come una disciplina il cui obiettivo è *eliminare qualsiasi rischio*. Se poniamo il problema in questi termini, risulta in effetti poco utile dibattere di roboetica: siccome è impossibile eliminare qualsiasi rischio, tanto vale lasciare perdere a priori. Ma se lo scopo è sviluppare queste nuove tecnologie *cercando di prevenire rischi inutili per quanto possibile*, ovvero nella consapevolezza che si può fallire, si deve concludere che i tentativi non vanno lasciati intentati e che il dibattito etico è quanto mai utile.

I robot esistono già e stanno già interagendo con gli esseri umani. Ci sono i robot industriali che lavorano fianco a fianco degli operai ormai da decenni. Ci sono i robot non antropomorfi che vengono già utilizzati in luoghi di lavoro, teatri di guerra, missioni spaziali, per svolgere compiti pericolosi o impossibili per l'uomo. Ci sono infine i primi robot antropomorfi che si prendono cura degli anziani e i disabili, aiutandoli ad affrontare alcune difficoltà della vita quotidiana. Queste macchine non sono coscienti allo stesso modo in cui è cosciente un uomo, ma lo studio delle loro interazioni comportamentali con l'uomo ci pare già di estremo interesse etico e scientifico. Siamo convinti che, se e quando comparirà il primo Terminator, sarà più facile trovare delle contromisure se sarà già esistente una rete di esperti che si occupa da anni del problema e se, nel contempo, l'opinione pubblica sarà adeguatamente preparata a fronteggiare questa eventualità.

Se intendiamo la roboetica come una disciplina dei futurabilia, che si interessa di problemi non solo attuali ma anche possibili in prospettiva futura, allora ci pare conveniente ridefinirla in termini più ampi. Generalmente, si assume che la roboetica consista nel definire alcune regole che debbono limitare *il comportamento dei robot*, affinché non rechino danno all'uomo. Un esempio sono le famose leggi della robotica elaborate da Isaac Asimov (che vedremo in dettaglio). In quest'ottica, il problema etico è direttamente traslato dal robot che agisce al suo costruttore. Più che la macchina in sé, sono il costruttore e l'utilizzatore che sono chiamati ad assumere comportamenti "etici" (o "eticamente accettabili"). La roboetica regola dunque in ultima istanza *il comportamento dei costruttori*, affinché non creino deliberatamente o colposamente un'intelligenza artificiale ostile. Ma questo è piuttosto ovvio.

Vogliamo però evidenziare il fatto che l'eventuale creazione di esseri dotati di azione autonoma produce problemi etici di più ampia portata. C'è un aspetto della roboetica che sembra trascurato in molte discussioni. Vi sono almeno due scuole di pensiero al riguardo: una ritiene che i robot saranno sempre macchine prive di coscienza, in pratica, sofisticati elettrodomestici; un'altra ritiene che prima o poi saremo in grado di creare macchine senzienti, coscienti, o – pur non essendolo – capaci di comportarsi *come se lo fossero*.

La risposta della roboetica cambia nelle due situazioni ipotetiche. Se costruiamo un elettrodomestico, possiamo esercitare su di esso un dominio assoluto. Se invece costruiamo un robot senziente, non potremo fare di esso quello che vogliamo. Dovremo introdurre delle regole che riguarderanno anche *il nostro comportamento nei confronti delle macchine*. Tali regole dovranno disciplinare non solo il comportamento dei costruttori, ma di tutti gli esseri umani che interagiscono con i robot. In altre parole, creare la macchina cosciente comporta di per sé un'autolimitazione. Per analogia, creando l'uomo e concedendogli il libero arbitrio, il Dio biblico (o Prometeo nella mitologia greca) accetta *ipso facto* una limitazione della propria possibilità di incidere sul corso degli eventi. Vorremmo allora arricchire la discussione sulla definizione di roboetica proponendo la seguente formula (non necessariamente alternativa a quella sopra riportata): la roboetica è quella branca dell'etica che studia in termini descrittivi le interazioni comportamentali tra esseri umani e robot senzienti e non senzienti, antropomorfi e non antropomorfi, e che regola in termini normativi le azioni volontarie che l'essere umano esercita nei confronti della macchina robotica, incluso l'atto della sua creazione, e che la macchina robotica esercita nei confronti del suo creatore.

2.5. Quale roboetica?

Una volta riconosciuta la necessità di una riflessione roboetica, resta ancora da stabilire a quale codice etico ispirarsi per prendere decisioni, stipulare convenzioni, formulare consigli. Sarebbe, infatti, ingenuo ritenere autoevidente ciò che è etico e ciò che non lo è. Se così fosse, non ci sarebbe nemmeno bisogno di aprire un dibattito. I costruttori e gli utilizzatori di robot saprebbero già che fare, opererebbero già per il bene. O, al contrario, essendo loro stessi consapevoli della non eticità del proprio comportamento, agirebbero in tutta segretezza. Ma così non è.

Leggendo articoli giornalistici sulle nuove tecnologie, questo atteggiamento ingenuo, purtroppo, si rileva con una certa frequenza. Capita non di rado di imbattersi in un giornalista o un politico che afferma: «questo non è etico» – senza sentire nemmeno la necessità di definire, anche sommariamente, la propria prospettiva etica o addurre ragioni nello specifico. Basterebbe, però, una semplice osservazione per capire che ogni giudizio etico esige un'argomentazione razionale: se un numero ampio di persone si comporta in un certo modo (per esempio, costruisce robot a scopi bellici), e lo fa alla luce del sole, è evidente che almeno quel gruppo ritiene il comportamento eticamente accettabile. In breve, ha le proprie ragioni. Esse non devono necessariamente essere accettate, ma ogni critica deve essere elaborata secondo criteri espliciti e razionali.

Non possiamo ora avventurarci nella discussione dei problemi teorici fondamentali dell'etica, né presentare la nostra visione complessiva della moralità. Usciremmo dagli scopi e dai limiti di questa ricerca. La regola minima che poniamo qui è che prenderemo in considerazione solo le proposte etiche (nostre e altrui) razionalmente fondate – nel senso di sostenute da argomenti razionali ed empirici espliciti – e, soprattutto, dirette a risolvere problemi pratici specifici. In questo senso, possiamo dire che il nostro approccio è razionale e pragmatico.

Faremo inoltre riferimento a una nozione "classica" di etica, ossia in linea con la tradizione filosofica greca, che non limita il comportamento etico al solo altruismo. Certo, il comportamento filantropico disinteressato costituisce una forma privilegiata di etica, ma anche le norme prudenziali, ossia volte a conseguire il bene per sé o per la propria comunità rientrano nel discorso etico.

In termini molto generali, l'etica è la conoscenza e la pratica del "bene" (che Aristotele riconduce al concetto di "felicità"). Dunque, l'atto etico si fonda in ultima istanza sulla benevolenza (la volontà del bene), ma tale atto benevolente può essere rivolto ad una pluralità di soggetti: se stessi, la propria famiglia, la propria comunità (la città, il partito, la classe, la nazione, l'impero, ecc.), l'umanità intera, il consorzio degli esseri senzienti (animali superiori, ipotetici alieni, macchine molto sofisticate, ecc.), l'insieme degli esseri viventi (che include i vegetali, gli insetti, gli invertebrati, ecc.), o addirittura tutto l'essere (che include le montagne, i laghi, i fiumi, i pianeti, le stelle, ecc.). Quando si prende in considerazione una forma di benevolenza che investe anche esseri non umani, possiamo parlare di etica trans-umana. I dilemmi etici nascono quando si genera un conflitto, ossia quando un atto benefico verso qualcuno (o qualcosa) diventa *ipso facto* un atto malefico verso qualcun altro. Purtroppo, data la complessità del mondo, queste situazioni sono più frequenti di quanto si vorrebbe. Solo gli idealisti irriducibili non se ne accorgono. I dissidi etici nascono per lo più dall'ambivalenza di molti nostri comportamenti, sul piano appunto della benevolenza e della malevolenza.

Poiché siamo di questo consapevoli, rinunciamo in partenza alla speranza di risultare universalmente convincenti. A maggior ragione per il fatto che ci occupiamo di due temi già fortemente caratterizzati in senso ideologico: tecnologia e guerra. Esistono strati della popolazione che sposano ideologie incompatibili a priori con l'idea di stabilire razionalmente un quadro etico capace di regolare l'uso delle nuove tecnologie nell'ambito di un conflitto bellico. Ci riferiamo al "luddismo" che considera un male assoluto tutte le tecnologie scaturite dalla rivoluzione industriale (e talvolta anche da quella neolitica) e il "pacifismo assoluto" che considera un male qualsiasi guerra, anche se intrapresa a scopi difensivi. Per questi due gruppi, le locuzioni "etica della tecnica" ed "etica della guerra" sono due ossimori, due contraddizioni in termini. Non entreremo nel merito della validità di queste due visioni. Lo abbiamo fatto in altri nostri scritti[54]. Luddisti e pacifisti assoluti ci perdoneranno, ma non è nostro scopo discutere qui problemi generali come la bontà o la cattiveria della tecnologia nel suo complesso, oppure decidere se esistono o non esistono guerre giuste. Non mettiamo in dubbio il

---

[54] [Nota aggiunta] Si veda, per esempio: R. Campa, *Creatori e creature. Anatomia dei movimenti pro e contro gli OGM*, Deleyva Editore, Roma 2016.

fatto che, insieme a tanti benefici, la rivoluzione industriale abbia portato con sé anche effetti collaterali indesiderati, come l'inquinamento o la disoccupazione tecnologica, così come non mettiamo in dubbio la nobiltà di un ideale come la pace perpetua tra i popoli. Vogliamo solo dire che, in questa ricerca, il nostro scopo è ben più modesto.

Qui prendiamo atto che ci sono tecnologie e ci sono guerre. E probabilmente ce ne saranno anche in futuro. Questi due fenomeni producono dilemmi etici. Ci accontentiamo di formulare giudizi, possibilmente ben argomentati, sui dilemmi che si presentano, con la speranza che le nostre opinioni possano risultare persuasive, se non per tutti, *per il numero più alto possibile di interlocutori*. In questo senso, accettiamo anche la relatività (o la non universalità) della nostra prospettiva.

Come sopra accennato, un dibattito volto a elaborare un quadro normativo etico, o addirittura legale, per indirizzare lo sviluppo della robotica è già stato avviato in modo sistematico, coinvolgendo intellettuali e politici di diversa estrazione. Non mancano inoltre segni di buona volontà da parte degli stessi costruttori, preoccupati forse da una risposta irrazionale dell'opinione pubblica all'intero processo.

Sarebbe istruttivo ricostruire in dettaglio tutte le proposte avanzate, tutte le posizioni in campo, e la magnitudine statistica di ogni singola presa di posizione. Purtroppo dovremo limitarci, per ragioni di spazio, a un'analisi qualitativa che prende in considerazione solo le posizioni più ricorrenti a livello mediatico e letterario o che, soggettivamente, riteniamo più interessanti.

2.6. Le tre leggi della robotica di Asimov

La più famosa proposta normativa della roboetica – e nel contempo una delle prime a palesarsi – è quella formulata da Isaac Asimov nelle "tre leggi della robotica":

1. Un robot non può recare danno a un essere umano, né può permettere che, a causa del suo mancato intervento, un essere umano riceva danno.

2. Un robot deve obbedire agli ordini impartiti dagli esseri umani, purché tali ordini non contravvengano alla Prima Legge.

3. Un robot deve proteggere la propria esistenza, purché questa autodifesa non contrasti con la Prima e la Seconda Legge.[55]

Le Tre Leggi di Asimov appaiono per la prima volta nel racconto "Circolo Vizioso", poi incluso nell'antologia *Io, Robot*, dalla quale nel 2004 è stato tratto l'omonimo film di Alex Proyas, con Will Smith[56]. Nell'immaginario dello scrittore russo, le Tre Leggi sono deliberatamente codificate nel cervello positronico dei robot. Asimov denomina "Asenion robots" la classe dei robot che seguono le Tre Leggi. Questa classificazione implica che possano esistere altri robot in grado di esprimere comportamenti non in accordo con il codice.

Inoltre, Asimov è un maestro nel mostrare tutti i paradossi, i malintesi, le ambivalenze che possono generarsi nell'interazione tra robot e umani, in presenza di queste leggi. In una storia, per esempio, vengono evidenziate le conseguenze indesiderate della Prima Legge: un robot non può svolgere le funzioni di chirurgo, perché causerebbe danni a un essere umano. Allo stesso tempo, non può ideare strategie per il football americano, perché le stesse potrebbero causare infortuni ai giocatori. Per evitare questi e altri problemi, le leggi non sono considerate imprescindibili dai robot più sofisticati.

Giuseppe Bonaccorso nota che

l'esecuzione letterale delle tre leggi è molto spesso in contrasto con la stessa morale umana: immaginate che un robot assista ad una lite tra due persone e ad un certo punto uno dei due estrae una pistola e minaccia l'altro di uciderlo. Cosa deve fare il robot? Apparentemente esso dovrebbe intervenire al fine di salvare la vita all'uomo disarmato, ma questo non garantisce di

---

[55] [Nota aggiunta] I. Asimov, *Le leggi della robotica*, in Id., *Visioni di robot*, Il Saggiatore, Milano 2019.

[56] [Nota aggiunta] I. Asimov, *I, Robot*, Gnome Press, New York 1952.

certo la riuscita del suo intento: entrambi potrebbero divenire vittime del malintenzionato che, sentendosi minacciato, sarebbe costretto a sparare senza nemmeno rendersi conto delle conseguenze. Un buon negoziatore agirebbe sicuramente in modo differente... Nessun programma è in grado di valutare tutte le possibili ipotesi in tempo reale e solo la coscienza empatica (in quanto capace di escludere a priori tutte le opzioni esageratamente inadeguate) è idonea a far comprendere ad un eventuale astante, sia esso umano o artificiale, che qualche buona parola è più che sufficiente a disarmare l'uomo con la pistola»[57].

L'esempio di Bonaccorso è particolarmente importante nell'economia del nostro discorso. Ma vorremmo che si prendesse in considerazione anche l'eventualità che il malintenzionato non possa essere fermato, se non uccidendolo. E che, proprio per la Prima legge di Asimov, il robot non potrebbe che scegliere la strada del negoziato. Ossia quella sbagliata. Più concretamente, su un campo di battaglia il robot è chiamato a difendere i propri commilitoni umani dalla minaccia di altri umani e il negoziato non è contemplato. Se non può recar danno agli esseri umani (anche se nemici), come può combattere? Le tre leggi di Asimov sembrano concepite per un mondo pacifico, più che per un mondo in guerra. In definitiva, proibiscono a priori l'uso bellico dei robot.

Consideriamo un caso ancora più estremo: se un gruppo di terroristi (come nel caso di Aum Shinrikio) si proponesse di sterminare tutta l'umanità, che dovrebbero fare i robot? Anche in questo caso dovrebbero rimanere inerti per non causare danni ad esseri umani (i terroristi)? Qui si palesa la situazione di ambivalenza tipica dell'etica, di cui abbiamo parlato sopra: la benevolenza verso un soggetto implica non di rado malevolenza verso un altro soggetto.

Forse, proprio per rispondere a questo tipo di problemi, Asimov estende l'elenco delle regole con l'introduzione di una legge ancora più basilare, che denomina "Legge Zero", proprio

---

[57] G. Bonaccorso, *Saggi sull'Intelligenza Artificiale e la filosofia della mente*, cit., pp. 168-169.

perché deve ritenersi sopraordinata in ordine di importanza a quelle con numero superiore.

> 0. Un robot non può recare danno all'umanità, né può permettere che, a causa del proprio mancato intervento, l'umanità riceva danno.[58]

Qui viene introdotto un concetto astratto che obbliga il robot a pensare in termini più universali. Questa legge viene menzionata nel racconto *I Robot e l'Impero*. Tuttavia, non risolve del tutto il problema. Il robot Giskard, per obbedire ad essa, viola infatti la Prima Legge, il che comporta la distruzione del suo cervello positronico. Proprio queste incompatibilità tra princìpi, quando gli stessi si devono confrontare con la realtà, fanno capire l'importanza per lo sviluppo della roboetica di gran parte dell'opera letteraria di Asimov e di quegli autori di fantascienza che ne hanno approfondito le tematiche.

Si tenga presente che il significato degli studi di Asimov travalica i confini della letteratura fantascientifica. Il governo giapponese sta, infatti, imponendo ai costruttori una serie di regole ispirate proprio alle leggi enunciate dallo scrittore russo, al fine di prevenire danni agli esseri umani. Così riporta la notizia il quotidiano *la Repubblica*:

> Più che preoccuparsi che il robot sia sempre più simile allo splendido Rutger Hauer di Bladerunner, il governo giapponese investe perché non ne abbia il potere distruttivo. In una realtà sempre più vicina alla fantascienza, il ministero dell'Economia, commercio e industria di Tokyo sta lavorando a un elenco di regole di sicurezza, che saranno pronte entro la fine dell'anno, da imporre alle case produttrici di robot di nuova generazione. La preoccupazione è che macchine sempre più sofisticate possano essere pericolose per gli esseri umani e da qui la necessità di stabilire criteri di sicurezza per la loro ideazione. Davvero una pagina di fantascienza divenuta attualità: nel 1940 Isaac Asimov, autore della Trilogia galattica e scrittore che meglio ha definito il rapporto tra esseri umani e robot, enunciò

---

[58] I. Asimov, *I miei robot*, in Id., *Visioni di robot*, cit.

la prima legge della robotica: "Un robot non può recare danno a un essere umano, né può permettere che, a causa del suo mancato intervento, un essere umano riceva danno". Le direttive in corso di elaborazione da parte del ministero giapponese mirano proprio a questo, poiché richiedono che i produttori installino nei robot un adeguato numero di sensori che impedisca loro di travolgere le persone e preferiscano materiali morbidi che riducano l'impatto di uno scontro. Tra le regole anche l'obbligo di dotare i robot di bottoni di spegnimento facilmente raggiungibili e utilizzabili. Il perché di questa indicazione è comprensibile, pensando alle tante storie di fantascienza in cui il povero umano non riusciva a fermare il robot impazzito[59].

L'articolo sottolinea poi il fatto che in Italia, dove i robot umanoidi sono poco diffusi, l'iniziativa giapponese appare davvero sulla linea di confine con la fantascienza. Dove invece i robot popolano già gli ambienti frequentati da umani, introdurre una legislazione adeguata diventa una dovuta risposta alle esigenze dei cittadini. Nel Sol Levante, ove si registra una cronica scarsità di personale nel ramo assistenziale ed infermieristico, l'industria robotica sta facendo progressi velocissimi, proprio per creare automi capaci di sostituirsi agli esseri umani nell'assistenza agli anziani e agli infermi.

In Giappone, il problema dei badanti poteva difficilmente essere risolto come in Italia, ovvero attraverso una massiccia immigrazione dalle aree economicamente sfavorite. Se si guarda alla demografia e alla geografia, si scopre infatti che il paese asiatico è relativamente sovrappopolato. Più di 127 milioni di abitanti abitano un'area poco più grande dell'Italia, per una densità di 337 abitanti per chilometro quadrato (contro i 199,9 ab./km^2 della nostra penisola). E già l'Italia è un'area densamente popolata, rispetto ad altre regioni del pianeta. Non può stupire allora che il Giappone preferisca l'umanoide all'immigrato e dia grande impulso all'industria robotica.

---

[59] C. Nadotti, *Tokyo prepara le regole per i robot: Non danneggino gli esseri umani*, «la Repubblica», 29 maggio 2006.

Gli ultimi ritrovati della tecnica nipponica sono: Ri-man, il robot capace di prendersi cura di persone inabili e Wabian-2, il robot che riesce a cambiare espressione facciale a seconda degli stati d'animo che vuole esprimere (quest'ultimo sarà prodotto anche in Italia). In Giappone esiste già una legge che regola la produzione dei robot industriali (*Occupation Health and safety law*), ma si sente ora l'esigenza di una legislazione apposita per i robot domestici di nuova generazione. Considerando che nel Sol Levante il fatturato dell'industria robotica nel 2005 è stato superiore ai seimila miliardi di yen, la solerzia con cui si vuole produrre una regolazione etico-giuridica della costruzione dei robot non può stupire.

Cristina Nadotti sottolinea che «alla fine del 2004 in Giappone erano in uso più di trecentocinquantaseimila robot industriali, il numero più alto al mondo. Per dare un'idea del distacco con le altre nazioni, basta vedere la distanza che separa Tokyo dagli Stati Uniti, secondo paese utilizzatore di robot al mondo, con "solo" centoventiduemila robot»[60].

Il METI – un acronimo per indicare il ministero della Tecnologia giapponese – prevede che entro il 2020 il fatturato dell'industria robotica supererà quello dell'industria automobilistica.

2.7. Il Codice EURON

Esistono codici roboetici alternativi a quello di Asimov, il quale – lo abbiamo visto – è difficilmente compatibile con un impiego bellico dei robot ed è fonte di molti paradossi. Uno di questi codici è stato elaborato da un gruppo internazionale di scienziati che fa capo all'EURON (European Robotics Research Network) e che perciò abbiamo provvisoriamente denominato "Codice EURON". Nelle parole di Gianmarco Veruggio le priorità sono due e strettamente collegate: «Dobbiamo elaborare l'etica degli scienziati che costruiscono i robot e l'etica artificiale da inserire nei robot. Gli scienziati devono iniziare ad analizzare questo

---

[60] *Ibidem*.

tipo di questioni e vedere se regolamenti o leggi sono necessari per proteggere i cittadini. I robot svilupperanno una forte intelligenza che, per certi aspetti, sarà più potente dell'intelligenza umana. Ma sarà un'intelligenza aliena. Perciò preferirei dare la priorità agli umani»[61]. Si sente dunque l'esigenza di affrontare il problema subito, prima che i robot diventino più intelligenti, veloci e forti dell'uomo, nonché massicciamente presenti nella nostra società.

La strategia di dare la priorità all'uomo è in linea con quella di Asimov, che concepisce il robot sempre al nostro servizio e sotto il nostro controllo. Tuttavia, il codice EURON non si impegna ancora nella formulazione di leggi e regolamenti dettagliati, ma si concentra sull'enunciazione di raccomandazioni generali, dalle quali potranno poi essere derivati regolamenti più specifici. Tra le priorità sono state individuate le seguenti: i produttori dovranno fare in modo che le azioni delle macchine restino sempre sotto il controllo degli esseri umani; si deve prevenire l'uso illegale delle macchine; si debbono proteggere i dati informativi acquisiti dai robot; si deve stabilire una chiara identificazione delle macchine, nonché la loro tracciabilità.

Ecco il quadro sinottico delle cinque raccomandazioni roboetiche:

Safety	*Ensure human control of robot*
Security	*Prevent wrong or illegal use*
Privacy	*Protect data held by robot*
Traceability	*Record robot's activity*
Identifiability	*Give unique ID to each robot*

---

[61] E. Habershon, R. Woods, *No sex please, robot, just clean the floor*, «The Sunday Times», 18 giugno 2006.

In altre parole, si tratta di norme prudenziali che cercano di prevenire, scoraggiare o impedire possibili usi immorali o illegali delle macchine, oppure di reagire efficacemente a un eventuale "impazzimento" delle stesse. Mafie, gruppi terroristici, criminali abbienti potrebbero infatti utilizzare robot per uccidere, rubare, intimidire, minacciare, ricattare. Il robot non teme di essere arrestato e punito, e pertanto avrebbe meno vincoli psicologici e operativi di un killer umano, risultando molto più pericoloso. Con l'abbassarsi dei costi, un numero sempre maggiore di malfattori potrebbe affidare il proprio disegno criminale alle macchine. Ecco perché sarebbe opportuno inventariare e catalogare tutti i robot in circolazione, stabilendo la tutela e la responsabilità da parte dei loro proprietari e stabilire una sanzione per la vendita o l'acquisto di robot non registrati all'anagrafe. Così, facciamo anche con i mezzi di trasporto che, non dimentichiamolo, sono una delle prime cause di morte nelle società moderne. L'anagrafe dei robot non risolverebbe i tutti problemi, ma aiuterebbe a limitarli.

Le raccomandazioni dell'EURON possono essere una buona base di partenza, ma – come vedremo nel prosieguo – l'attuazione di questi principi basilari si scontra con problemi pratici di non facile soluzione. Innanzitutto, bisognerebbe stabilire meglio cosa significa "controllo da parte degli umani". Nell'immaginario popolare, il robot non è soltanto una macchina telecomandata, ma una macchina che ha il più delle volte un certo grado di autonomia decisionale (pur all'interno di un programma e di specifiche circostanze ambientali). Il controllo può dunque andare dal comando di ogni singola azione del robot da parte dell'uomo fino alla situazione in cui il robot è sostanzialmente "libero", ma può essere spento in qualsiasi momento dall'uomo. Dunque, il concetto di controllo è per forza di cose gradualistico. Come stabilire il punto ideale in questa scala?

Inoltre, bisogna anche chiedersi: "controllo da parte dell'uomo" in che senso? Da parte di qualunque uomo? O da parte del legittimo proprietario del robot? E in mancanza di questi, da chi dovrebbe essere esercitato il controllo?

Se rispondiamo "da parte di qualunque uomo", viene meno la possibilità di utilizzare la macchina in guerra, o per la vigilanza, o per qualsiasi attività (anche economica) che favorisca un essere umano a scapito di un altro. Se *tutta l'umanità* fosse posta in posizione di potere su *tutti i robot*, a che pro acquistare i robot? Pare piuttosto ragionevole pensare che saranno i proprietari a poter disporre liberamente dei robot, accendendoli e spegnendoli a piacimento, e utilizzandoli (si spera) nel rispetto delle leggi. Ma non si potrà mai parlare di un controllo in senso letterale dell'umanità sui robot. I robot utilizzati per la sorveglianza e la sicurezza capovolgono infatti questo paradigma, dato che sono proprio i robot a "controllare" gli esseri umani, per conto di altri esseri umani.

Ogni tecnologia favorisce certi gruppi umani (in genere chi ne dispone) e sfavorisce altri gruppi umani (in genere chi non ne dispone), in virtù della legge di Bacone: *scientia potentia est*. Dunque, è piuttosto ingenuo chiedersi se una tecnologia, inclusa quella robotica, sia un bene o un male per l'umanità intera. Inoltre, per quanto riguarda il problema della "safety", si deve tenere in conto che il "controllo umano" sui robot non garantisce nulla, se non si specificano le caratteristiche morali e le finalità di quello specifico essere umano che esercita il controllo. Anche le mafie e i gruppi terroristici sono spezzoni di "umanità".

Riassumendo, è giusto parlare di sistemi di controllo, di sicurezza, di privacy, di tracciabilità e di identificazione, per prevenire usi moralmente impropri dei robot, ma bisogna studiare la questione in modo molto circostanziato, tendendo presente la complessità sociologica del problema.

Entrando nello specifico dei comportamenti "sbagliati" o "immorali" da prevenire o impedire, sarebbe auspicabile restare nell'ambito di un approccio etico razionale – il che significa non assumere mai l'ovvietà di ciò che è bene e ciò che è male. Quando si intende limitare o proibire un comportamento, si devono portare argomenti solidi che dimostrino il danno che ne consegue per la società. Molti codici etici che ereditiamo dal passato sono infatti composti da un insieme di norme razionali, ancora oggi comprensibili e condivisibili, e di norme irrazionali, ovvero fondate su mere abitudini o superstizioni che non garantiscono più, se mai l'hanno garantita, una crescita della felicità, del benessere, del bene. Se andiamo per esempio a vedere l'etica dei Sumeri (per dire la prima civiltà che ci ha lasciato testimonianze scritte), scopriamo che essa chiede ai cittadini di aiutare gli orfani e le donne vedove, di rispettare i contratti, di non truffare i clienti truccando i pesi e le misure, di non rubare cibo e bevande altrui, ecc.[62]. Queste norme sono ancora comprensibili oggi. Hanno una *ratio legis* intrinseca: sono volte a garantire un minimo di felicità, di benessere, di bene, alle persone più sfortunate, anche considerando che questo sostegno non costerebbe più di tanto alle persone più fortunate, oppure a rispettare il patrimonio altrui. Analogamente a quanto accade in altri codici antichi, nell'etica sumera vi sono però anche regole del "cibo proibito", del "luogo proibito", della "parola proibita", dell'"atto proibito" che oggi facciamo fatica a comprendere. Sembrano basate su superstizioni o false conoscenze. Ma proprio la loro difficile comprensione razionale ed emotiva, ne mina il carattere universale.

Qualcuno si chiederà: che c'entra questo con la questione dei robot? Per rispondere, entriamo nello specifico con un esempio. Nell'ambito del gruppo EURON c'è chi ha voluto avviare una discussione sull'uso erotico dei robot. Henrik Christensen ha, infatti, affermato: «Controllo, sicurezza e sesso sono le tre grandi questioni sul tappeto». Se la preoccupazione concernente controllo e sicurezza appare chiaramente comprensibile, ancora non è chiaro perché il sesso costituirebbe un problema. Poi ha aggiunto: «La gente avrà rapporti sessuali con robot entro cinque anni». Tanto che il *Sunday Times* si è chiesto: «Devono essere posti dei limiti all'apparenza, per esempio, di questi giocattoli sessuali robotici?» e ha dato una risposta nel titolo dell'articolo: "Niente sesso, robot, pulisci solo il pavimento"[63]. *Punto Informatico*, riprendendo l'articolo del *Sunday Times* ha posto quesiti analoghi: «Che cosa succede se un robot diventa sessualmente attraente? Cosa succede se le persone inizieranno

---

[62] S. N. Kramer, *I Sumeri. Alle radici della storia*, Newton, Roma 1997, pp. 102-109.

[63] E. Habershon, R. Woods, *No sex please, robot, just clean the floor*, cit.

ad acquistare robot antropomorfi soltanto per puro piacere carnale?»[64].

Ora, non sappiamo fino a che punto queste siano le reali preoccupazioni del comitato roboetico EURON, o piuttosto dei giornalisti che hanno provato a interpretarne la visione, tuttavia un eventuale divieto di costruzione o di uso di sexy robot sarebbe difficilmente giustificabile sulla base di un'etica razionale e pragmatica. Sorge il sospetto che a giocare un ruolo siano piuttosto residui di etiche antiche, a matrice sessuofobica.

Le persone che acquisteranno i robot per soddisfare il proprio desiderio sessuale, eserciteranno semplicemente il diritto di raggiungere il proprio bene (la propria felicità), senza fare male ad altri esseri umani. Non solo questa interpretazione trova conforto nell'etica classica, ma anche nella legislazione attuale. Per quanto la pratica in questione possa apparire bizzarra, nessuna legge impedisce di praticare sesso con oggetti. Né potrebbe, perché una simile disposizione violerebbe i diritti umani e in particolare il combinato degli articoli 1 e 4 della *Dichiarazione dei diritti dell'uomo e del* cittadino: «Gli uomini nascono e rimangono liberi e uguali nei diritti» e «La libertà consiste nel fare tutto ciò che non nuoce ad altri». La stessa *Dichiarazione* specifica inoltre che «La Legge ha il diritto di vietare solo le azioni nocive alla società». Dunque, deve essere prima dimostrato empiricamente che questo tipo di comportamento rappresenta una minaccia esistenziale per la società, e non un semplice cambiamento dei costumi. E, anche ammessa la minaccia, non è affatto detto che il divieto rappresenti la soluzione più efficace o una strada legalmente percorribile. Per fare un esempio: quand'anche si registrasse un drastico calo demografico e fosse dimostrata la correlazione tra il calo delle nascite e l'uso erotico dei robot, un governo potrebbe optare per un incentivo alla procreazione, più che per un divieto di altri comportamenti sessuali non procreativi.

Naturalmente, il problema dell'eros robotico può essere legittimamente posto, ma a patto che si chiarisca in che senso è

---

[64] *I robot dovranno avere un codice etico*, «Punto Informatico», 20 giugno 2006.

una "grossa questione". Possiamo, infatti, chiederci com'è possibile conciliare l'uso erotico dei robot con la *privacy* e la tracciabilità. Se tutto ciò che un robot fa viene registrato e resta a disposizione di qualche autorità, l'uso erotico ne risulterebbe fortemente limitato. D'altro canto, la tracciabilità serve per evitare l'uso criminale. Questo è davvero un dilemma su cui vale la pena di discutere.

Particolarmente pregnante sul piano etico e prudenziale è anche la domanda relativa al ruolo dei robot nel mantenimento dell'ordine pubblico. Ronal Arkin del GalTech sostiene, infatti, che «bisogna valutare cosa potrebbe accadere se i robot fossero responsabilizzati con mansioni di controllo delle folle ed abilitati, ad esempio, a reprimere con la violenza una rivolta di massa»[65].

In questo caso saremmo fuori dall'orizzonte etico delle Leggi di Asimov, ma questo uso sarebbe ancora legittimato da una certa interpretazione del Codice EURON (ove il "controllo degli umani" fosse inteso come possibilità di fermare le macchine in qualsiasi momento *da parte dei proprietari* e non di chiunque). La questione dell'ipotetica repressione di una folla ribelle andrebbe dunque valutata alla luce delle leggi vigenti in un paese. I robot non dovrebbero essere autorizzati a fare ciò che la polizia stessa non è autorizzata a fare.

La questione principale è però la responsabilità. Se un poliziotto abusa del proprio potere nell'azione repressiva e infligge violenze gratuite ai manifestanti, può essere individuato e punito. Allo stesso modo, se un poliziotto procura lesioni o uccide un manifestante, ma è provato che ha agito per legittima difesa (per salvaguardare la propria vita e incolumità), non può essere punito o avrebbe delle attenuanti. Ma nel caso del robot non ci si potrà appellare a queste attenuanti, non essendo vivo né cosciente. Dunque, se un sistema d'arma robotica è adibito alla pubblica sicurezza e provoca lesioni o addirittura uccide un essere umano, si delinea la necessità di stabilire un responsabile e un colpevole. Se la colpa verrà attribuita ai costruttori o ai venditori, questi probabilmente stabiliranno *a monte* che è

---

[65] *Ibidem.*

improprio utilizzare i robot a questi scopi, declinando ogni responsabilità. Se la magistratura deciderà che il responsabile è il comandante che ha mandato i robot a reprimere la folla, probabilmente i robot non saranno più usati per queste mansioni. Saranno utilizzati per la sorveglianza, ma il contatto fisico con esseri umani sarà riservato ai poliziotti in carne ed ossa. Questo, perlomeno, negli Stati di diritto. Il problema etico rimane aperto per un simile uso dei robot in regimi totalitari. E potrebbe riaprirsi anche nelle democrazie, qualora cambiasse la natura stessa dei robot e dell'intelligenza artificiale.

Il noto futurologo Ian Pearson afferma che tra qualche anno non potremo più trattare i robot alla stregua di oggetti: «La mia previsione è che avremo macchine coscienti entro il 2020»[66]. La rivoluzione sarebbe dietro l'angolo, dunque. La previsione appare molto azzardata e, considerato che manca poco al 2020[67], probabilmente la vedremo smentita dai fatti. Molti sono però, convinti, che si tratti di un'eventualità plausibile, sebbene meno prossima, meno impellente.

Secondo Pearson, di fronte a questo fatto straordinario tutta la nostra prospettiva morale dovrebbe cambiare: «Se metteremo la coscienza nei robot, essi diventeranno androidi. Questo costituirà un enorme cambiamento etico»[68].

2.8. Evoluzione e responsabilità giuridica

Nei paesi in cui l'industria robotica è in maggiore espansione, i governi hanno varato a più riprese norme in materia di progettazione, costruzione e utilizzo dei robot, ispirandosi a codici elaborati da esperti. Tuttavia, la legislazione robotica in

---

[66] E. Habershon, R. Woods, *No sex please, robot, just clean the floor*, cit.

[67] [Nota aggiunta] Ricordiamo che il capitolo è stato scritto nel 2010. La previsione, a quanto pare, non si è avverata, anche se non manca chi sostiene che le macchine sono già coscienti. L'ingegnere di Google Black Lemoine è stato sospeso dall'azienda proprio per avere sostenuto che il sistema è senziente. Cfr. R. Luscombe, *Google engineer put on leave after saying AI chatbot has become sentient*, «The Guardian», 12 giugno 2022.

[68] E. Habershon, R. Woods, *No sex please, robot, just clean the floor*, cit.

vigore risulta spesso obsoleta a pochi anni dalla sua emanazione, a dimostrazione del fatto che è un illusione pensare di fissare regole una volta per tutte in questa materia. I robot evolvono. Ed evolvono più rapidamente degli esseri umani.

Di questo è persuaso anche Monopoli che affronta il problema della responsabilità dei robot in un'ottica evoluzionista. Ora i robot vengono considerati poco più che elettrodomestici, quindi la responsabilità per eventuali danni che essi provocano ricade sul progettista, sul costruttore, sul venditore, sull'utilizzatore. Ma sarà sempre così? «Un aspetto di particolare rilevanza etica assume la questione relativa alla esistenza o meno di responsabilità da parte del singolo robot, in funzione delle proprie azioni e delle loro conseguenze. È verosimile che, con il tempo, si genereranno robot con sempre maggiore capacità di autoapprendimento, "comprensione" ed interazione col mondo esterno; in altri termini avremo dei robot capaci di "decidere" cosa fare in una situazione qualsiasi in cui si venissero a trovare. È questa una condizione condivisa con l'essere umano che spesso si trova di fronte a situazioni nuove»[69].

Sarà difficile e anche ingiusto considerare colpevole il progettista, se l'azione del robot è riconducibile alla personalità della macchina, la quale si forma attraverso un lento processo di apprendimento e di interazione con gli umani che la circondano. Così come oggi i genitori vengono considerati responsabili delle malefatte dei figli *fino a un certo punto* (finché ne hanno la tutela, finché i figli non sono maggiorenni), si porrà un problema analogo per i robot. Si porrà il problema di decidere *quando* il progettista e il proprietario cessano di essere responsabili per le azioni del robot.

Dato che i robot vengono prodotti anche per accudire gli anziani, si può prendere in esame come caso-studio quello in cui un robot fa cadere a terra un assistito, creandogli un danno permanente. Se l'assistente è un essere umano, abbiamo due responsabili sul piano delle conseguenze penali e civili: l'assistente stesso e l'azienda per la quale egli lavora. Se invece l'operatore è un robot, il caso diventa più complesso e promette

---

[69] A. Monopoli, *Roboetica. Spunti di riflessione*, cit., p. 39.

di mutare nel tempo. Vediamo i possibili scenari delineati da Monopoli:

1) PRIMA IPOTESI: Il robot viene considerato alla stregua di una macchina (ad esempio un tritacarne) per cui la responsabilità non ricade certo su di lui, ma sul suo proprietario e/o sul suo gestore. Il danneggiato, però potrebbe rivalersi su chi gli ha venduto il robot e quest'ultimo a sua volta sull'anello retrostante della catena di commercializzazione fino a giungere ai progettisti e tutto questo a seconda della normativa vigente in ogni singolo paese.

2) SECONDA IPOTESI: Il robot ha una grossa capacità di autoapprendimento e interazione col mondo esterno, e da un punto di vista sociale è ormai condivisa l'idea di una condizione di autonomia operativa di detti robot, per cui il singolo soggetto si evolve in funzione di una propria storia individuale di esperienze e conseguentemente un comportamento dannoso può essere considerato un evento occasionale ed imprevedibile, che non trova correlazione diretta con gli altri robot gemelli. In questo caso si potrebbe invocare la perfetta buonafede di chi ha progettato e commercializzato il robot e considerare l'evento come un fatto imprevedibile ed accidentale. Per evitare, però che alla fine il danno rimanga a carico del danneggiato, sarebbe opportuno prevedere un fondo assicurativo di garanzia, per questi casi. È evidente comunque che chiunque sia chiamato formalmente a pagare il premio assicurativo esso alla fine rappresenterà un costo per l'utente finale.

3) TERZA IPOTESI: I robot hanno raggiunto una capacità di "intelligenza" delle situazioni ed interazione col mondo esterno tale da poter decidere in situazioni complesse, vi è inoltre "una vita psichica interiore" capace di generare autonomi criteri di scelta. Questo caso può considerarsi un'evoluzione del punto precedente e forse, con molta cautela potremmo parlare di una situazione di "responsabilità del singolo robot" le cui conseguenze potrebbero essere trattate in maniera analoga, per certi aspetti, a quella di responsabilità di una azienda. In queste condizioni dovrebbe inoltre essere previsto un controllo periodico su ogni singolo robot al fine di prevenire la devianza o l'"impazzimento" del robot[70].

Ora può sembrare assurda l'ipotesi di avviare un procedimento civile o penale a carico del robot, ma dobbiamo considerare che i robot del futuro potrebbero avere una personalità giuridica e anche un'ontologia non del tutto estranea alla nostra[71]. Non saranno necessariamente macchine di metallo, plastica e silicio. Parti organiche viventi potrebbero essere innestate nella macchina per migliorarne le prestazioni. Lo scienziato Steve Potter ha impiantato con successo cellule neuronali estratte da un embrione di topo in un robot non antropomorfo, ottenendo una macchina capace di apprendere dai propri errori e di disegnare in modo creativo. La stampa ha parlato di un robot con cervello di topo, anche se la definizione è impropria[72].

Si potrebbe anche arrivare alla situazione in cui il cervello biologico in questione non è animale, ma umano. Anche se tutti accettassero la regola etica che è proibito creare computer e robot con cervelli umani, si potrebbe arrivare a questo risultato per vie diverse, con il consenso del donatore stesso. Come giustamente sottolinea Monopoli, «nella nostra cultura il concetto di individualità si va sempre più identificando con il nostro cervello, in parole semplici tutti noi oggi siamo portati a pensare che se anche ci sostituissero un'anca con una protesi, oppure ci applicassero una mano artificiale noi resteremmo sempre e comunque noi stessi e ciò fino a quando il nostro cervello fosse in grado di funzionare. Non è inverosimile quindi l'ipotesi che di fronte a malattie o ad incidenti devastanti per il corpo in cui però almeno la testa o anche il solo cervello si

---

[70] *Ibidem.*

[71] [Nota aggiunta] La questione della personalità giuridica dei robot è già stata posta dalle istituzioni europee, a dimostrazione del fatto che le speculazioni del 2010 non erano campate in aria. Cfr. R. Campa, C. Corbally, M. Boone Rappaport, *Electronic persons. It is premature to grant personhood to machines but never say never*, «Gregorianum», 101 (4), 2020, pp. 793-812.

[72] Cfr. *Un robot dipinge guidato da un cervello di topo*, «Corriere della sera», 29 luglio 2003; F. Rampini, *Il robot col cervello di un topo*, «la Repubblica», 18 maggio 2003. Si può anche vedere il sito che illustra il progetto: www.fishandchips.uwa.edu.au/aboutmeart.html.

"salvassero" si potrebbe intervenire sostituendo il corpo in parte o totalmente (cervello escluso) con uno "artificiale"»[73].

In tal caso avremmo un robot con un cervello umano, piuttosto che di silicio come nella realtà attuale, o positronico come nella fantascienza. In tale situazione potrebbe risultare non etico impedire, piuttosto che incoraggiare, tale operazione tecnica. Su questo concorda anche Monopoli: «Eticamente questo tipo di intervento non presenterebbe, paradossalmente, particolari problemi purché rispettasse i principi generali che giustificano l'intervento terapeutico e cioè che ci si trovi realmente di fronte ad una situazione patologica, che l'utilità della terapia ricada sul soggetto a cui si applica, che il tipo di intervento sia proporzionato alla gravità della patologia e che non siano applicabili con analoghe prospettive di guarigione impostazioni terapeutiche meno invasive»[74].

A dire il vero, la legge italiana vieta esplicitamente il trapianto di cervello[75], ma il problema potrebbe essere aggirato sostenendo che si tratta di un trapianto di corpo e non di cervello. Anzi, questa prospettiva dimostra quanto sia poco lungimirante e filosoficamente debole la legge italiana in materia di trapianti. L'inadeguatezza della legge si paleserà maggiormente se diventerà realtà il trapianto di mente e non solo di cervello, ovvero il *mind uploading* sognato da alcuni scienziati ed esperti di intelligenza artificiale (certamente più fantascientifico, ma non per questo in contraddizione con le nostre attuali conoscenze scientifiche). In questa prospettiva, il paletto etico dell'intervento terapeutico potrebbe risultare inadeguato. Se tale tipo di intervento si rivelerà migliorativo (sul piano estetico e fisiologico) e totalmente soddisfacente per il soggetto interessato, anche in assenza di patologie, su quale base lo si potrebbe negare? Qui verrebbe a svanire l'idea di *un'etica* unificante e condivisa, ma si presenterebbero, come nella

---

[73] A. Monopoli, *Roboetica. Spunti di riflessione*, cit., p. 68.

[74] *Ibidem*.

[75] [Nota aggiunta] R. Campa, *Corpi assemblati. La sfida della tecnica dei trapianti d'organo all'idea di persona*, «Heliopolis», Anno XII, numero 2, 2019, pp. 9-32.

bioetica, due o più prospettive etiche. Qualcuno approverebbe l'intervento migliorativo potenziante, purché deciso liberamente dalla volontà del soggetto interessato, mentre qualcun altro potrebbe pensare di vietarlo in nome di un valore super-individuale: la religione, la razza, l'umanità, la natura.

La possibilità dell'intervento migliorativo e non meramente terapeutico è presa in considerazione anche da Monopoli, quando evoca lo spettro del "rischio eugenetico": «Una particolare questione etica si concretizzerebbe nel caso in cui si volesse sostituire un corpo malformato con uno "normale" ed ancora altra questione sarebbe il desiderare un corpo nuovo solo perché creduto migliore o più bello. Pensiamo ad esempio alla ricorrente idea del "super-soldato" o della donna dalla bellezza "perfetta" ed inalterabile nel tempo. È evidente che qui veniamo a passare gradualmente dalla idea di terapia a quella di un nuovo eugenismo mediato dalla tecnologia ed occorre ricordare come non sempre tutto ciò che è tecnicamente possibile è eticamente accettabile»[76].

Se per molte questioni ci siamo trovati d'accordo con Monopoli, su questo punto abbiamo un'opinione difforme. Il limite di questa analisi risiede nel fatto che si assume per scontata l'immoralità dell'eugenetica, tanto che l'autore non sente nemmeno il bisogno di argomentare contro di essa. L'assenza di argomentazione in genere si verifica quando si presume l'esistenza di un'etica giusta universale auto-evidente (situazione molto frequente tra chi accetta la prospettiva di una religione rivelata come il Cristianesimo, l'Ebraismo o l'Islam), oppure quando non si conoscono valutazioni e proposte normative alternative che rendono controversa la questione. Questo è d'altronde scusabile, dato che non si può aver letto tutto. Ad ogni modo, c'è un'amplissima letteratura, di recente edizione, che argomenta a favore dell'eugenetica liberale e positiva. Inoltre, va considerato il fatto che l'eugenetica ha un retroterra culturale importante in Occidente e lo dimostrano opere come la *Repubblica* di Platone, la *Nuova Atlantide* di Francesco Bacone, o la *Città del Sole* di Tommaso Campanella[77].

---

[76] A. Monopoli, *Roboetica. Spunti di riflessione*, cit., p. 70.

Certamente, oggi non vengono riproposte le argomentazioni a favore dell'eugenetica autoritaria e negativa della prima metà del XX secolo – che, per la cronaca, fu sostenuta non solo dagli Stati fascisti, ma anche da quelli democratici e comunisti. La nuova eugenetica, o "genetica liberale", è rispettosa della persona e soprattutto della *volontà* individuale e, proprio per questo, si dice liberale[78].

Anche la genetica liberale trova un fronte d'opposizione, che include alcuni prelati cattolici e intellettuali laici come Francis Fukuyama o Jürgen Habermas, ma ci sono oggi molti intellettuali e cittadini che la ritengono perfettamente legittima. Significativa è in tal senso la domanda retorica che Gianni Riotta pone proprio a Fukuyama (e ai lettori del *Corriere della sera*): «Che cosa ci sarebbe di male a nascere più alti, o più veloci, le cellule esplosive dello sprint sono innate, perché non darle a tutti? E perché mai una memoria migliore dovrebbe alterare il nostro codice etico, o un più diffuso quoziente d'intelligenza mettere a rischio l'Homo sapiens? Non credo che alla fine tutti sceglierebbero capelli biondi e occhi glauchi da ariano, i modelli di bellezza sono tanti e diversi»[79].

I sostenitori dell'intervento potenziante, tramite mutazione genetica o innesti di protesi robotiche, sottolineano sempre la necessità della libera scelta e del libero accesso alle nuove tecnologie, affinché non diventi un obbligo o non sia prerogativa di un'élite. L'obiezione che in realtà si tratti solo falsamente di una *libera scelta*, perché nel momento in cui alcuni esseri umani

---

[77] Per comprendere che l'eugenetica rappresenta anche oggi un'idea controversa, e non semplicemente etica o non etica, ci limitiamo a citare lo scritto di Peter Sloterdijk, *Regole per il parco umano*, in *Non siamo ancora stati salvati*, Bompiani, Milano 2004, 241-261. Per avere un'idea dell'attualità della polarità etica in materia eugenetica, basta confrontarlo con lo scritto di Jürgen Habermas, *Il futuro della natura umana. I rischi di una genetica liberale*, Einaudi, Torino 2002.

[78] [Nota aggiunta] Cfr. R. Campa, *Filosofia dell'evoluzione autodiretta*, «Futuri. Rivista italiana di Futures Studies», Volume 7, Numero 14, 2020, pp. 189-200.

[79] G. Riotta, *Il filosofo Fukuyama mette in guardia sui rischi di una ricerca senza limiti: "No a ingegneria genetica come a fascismo e comunismo"*, «Corriere della sera», 10 ottobre 2005.

si potenziano costringono tutti gli altri a farlo è molto debole sul piano empirico e razionale. Innanzitutto, non è vera sul piano empirico. Gli Amish, negli Stati Uniti, hanno deciso di fermarsi alla tecnologia del XIX secolo, rifiutando l'elettricità e i motori a scoppio, e nessuno li obbliga a seguire il resto del mondo, né li importuna. In seconda istanza, l'argomentazione è debole pure sul piano razionale, perché anche lo studio e le attività sportive migliorano mente e il corpo di un individuo, rendendolo più intelligente e più forte. Se fosse un male migliorarsi e distinguersi rispetto agli altri, si dovrebbe coerentemente vietare di frequentare biblioteche e palestre. Per evitare le disuguaglianze, che esistono comunque al momento della nascita e vengono poi amplificate dalla forza di volontà di certi individui, bisognerebbe mettere in discussione tutta la società umana – e non solo quella capitalistica, giacché la competizione in campo intellettuale e sportivo ha fortemente caratterizzato anche la società greco-romana del passato e quella comunista sovietica del XX secolo.

La roboetica cadrà nelle secche in cui è caduta la bioetica, se penserà di applicare le regole etiche di un gruppo sociale o religioso a tutti gli altri gruppi, aldilà di ogni argomentazione logicamente ed empiricamente fondata. In un mondo pluralistico, plurietnico, pluripartitico, plurireligioso come il nostro, non si può dire semplicemente «questo no, perché non è etico», senza portare argomenti universalmente convincenti. Se si cercano regole condivise, regole di convivenza, si deve mostrare innanzitutto apertura nei confronti delle visioni altrui, e quindi serve una profonda consapevolezza della parzialità delle proprie convinzioni. All'etica condivisa – se mai si arriverà – si può giungere soltanto attraverso un negoziato, non attraverso un'imposizione. Di questo Monopoli sembra peraltro consapevole quando sostiene che l'etica non può essere ridotta alla legge dell'interesse economico (una visione etica piuttosto diffusa nelle nostre società). Allo stesso modo, aggiungiamo noi, l'etica non può essere ridotta ai precetti di una religione rivelata o all'abitudine. Deve essere razionalmente fondata.

3. Infoetica (2012)

3.1. Premessa

Ogni nuova tecnologia della comunicazione, alla sua comparsa, ha generato controversie di natura non solo tecnica ma anche etica. La scrittura è stata contestata dai depositari della tradizione orale, la stampa tipografica dagli amanuensi, la radio dai sostenitori della carta stampata e la televisione dai radiofili. Non poteva fare eccezione Internet o, più in generale, la comunicazione via computer, stante anche il grande impatto sociale che essa dispiega. Gli esperti di "Information Technology" producono ogni giorno innovazioni che incontrano il favore del pubblico, ma al contempo gli esperti di "Information Ethics"[80] catalogano nuovi problemi sollevati da questi strumenti rivoluzionari. Se l'espansione avviene in modo così rapido è evidente che, agli occhi degli utenti, le opportunità offerte dalla rete superano di gran lunga gli aspetti negativi, tanto che milioni di persone potrebbero ormai difficilmente fare a meno del computer e della connessione. Le critiche alla rete tengono però il passo con il suo sviluppo.

Le critiche *tranchant* vengono per lo più da chi non si è adattato al nuovo mezzo di comunicazione e si sente tagliato fuori da quella che non è più solo realtà virtuale, ma realtà *tout court*. Oppure da tecnofobi che, rispondendo a un bisogno emotivo, attaccano pregiudizialmente qualsivoglia nuova

---

[80] Si può trovare una voce "Information Ethics" anche in Mitcham (ed.), *Encyclopedia of Science, Technology, and Ethics,* Gale Cengage, Revised edition, 2005 – un volume di 1600 pagine che prende in considerazione sia l'etica professionale della scienza e della tecnica, sia i problemi sociali e politici sollevati da scienza e tecnica.

tecnologia e propongono compulsivamente bandi, moratorie e sanzioni. Non mancano però le critiche costruttive, ovvero mosse dal desiderio di migliorare il "medium", eliminando gli effetti collaterali negativi. Regolamentazioni vengono infatti proposte anche da chi è tendenzialmente tecnofilo. Vengono suggerite norme di condotta a programmatori e utenti, anche al fine di togliere argomenti alle persone ostili alla tecnica. Lo scopo della regolamentazione è dunque quello di favorire e non di ostacolare la diffusione della nuova tecnologia.

È dunque consigliabile, seguendo le indicazioni metodologiche di un maestro della sociologia qual è Max Weber[81], distinguere i vari tipi di critica, facendo riferimento alle *motivazioni* che si celano dietro le *azioni sociali* e utilizzando l'empatia non meno dell'osserva-zione statistica.

Sul piano delle potenzialità, Internet (come del resto gli altri mezzi di comunicazione) è uno strumento ambivalente che può favorire situazioni opposte: l'oppressione di gruppi umani, come la loro liberazione; il controllo da parte delle autorità, come la partecipazione popolare; la diffusione delle verità negate dai governi, come la crescita esponenziale di assurde teorie complottistiche; il civile dibattito, come la gogna mediatica; l'informazione corretta, come la diffamazione. Tutto ciò è accaduto e può accadere anche con la comunicazione orale o la stampa tipografica, ma certamente le modalità e la velocità con cui questi fenomeni si sviluppano in Internet sono del tutto peculiari, tanto che si parla da tempo di "rivoluzione telematica" o "rivoluzione internettiana"[82].

Per delineare una problematica assiologica inerente il funzionamento della rete, partiremo da una definizione di quest'ultima, tracceremo a grandi linee la storia della sua venuta in essere e, infine, passeremo all'analisi di alcune controversie etiche legate ai valori che la rete presuppone o propaga.

---

[81] M. Weber, *Il metodo delle scienze storico-sociali,* Einaudi, Torino 2003.

[82] Cfr. Luca de Biase, *Il Mago d'ebiz. Libertà, velocità, comunità. Percorsi nella rivoluzione internettiana,* Fazi, Roma 2000.

3.2. Internet: definire l'indefinibile

Talmente vasta è la letteratura sull'argomento che, per trovare una definizione di "Internet", c'è solo l'imbarazzo della scelta. A giudicare dalla disparità delle definizioni in circolazione, quello che colpisce è, soprattutto, la difficoltà nel definire l'oggetto. Di cosa stiamo parlando? Di una cosa, di un luogo, di un fenomeno, di un processo? Una definizione particolarmente suggestiva, avanzata da Bruce Sterling nei primi anni novanta, riconduce il ciberspazio al "luogo" in cui ci troviamo quando siamo al telefono[83]. Internet non era ancora un fenomeno di massa e questa definizione rappresentava forse un tentativo di esorcizzare la novità, di rendere comprensibile la nuova tecnologia riducendola a quelle antecedenti.

Lasciamo però che sia la Rete a parlare di se stessa, a definire stessa. Tra le varie definizioni di rete telematica a disposizione, possiamo infatti partire proprio da quella fornita dall'enciclopedia della Rete per antonomasia, ossia Wikipedia: «Internet (contrazione della locuzione inglese *Interconnected Networks*, ovvero Reti Interconnesse) è una rete di computer mondiale ad accesso pubblico attualmente rappresentante il principale mezzo di comunicazione di massa. Tale interconnessione è resa possibile da una *suite* di protocolli di rete chiamata "TCP/IP" dal nome dei due protocolli principali, il TCP e l'IP, che costituiscono la "lingua" comune con cui i computer connessi ad Internet (host) si interconnettono e comunicano tra loro indipendentemente dalla loro architettura hardware e software»[84].

---

[83] «Il ciberspazio è il "posto" nel quale una conversazione telefonica sembra avvenire. Non all'interno del tuo telefono, l'oggetto di plastica sul tuo tavolo; non all'interno del telefono del tuo interlocutore, in qualche altra città. Ma in un "luogo intermedio" fra i due telefoni, l'indefinito "posto" nel quale tu e il tuo interlocutore vi incontrate e comunicate effettivamente». Sterling B., *The Hacker Crackdown: Law and Disorder on the Electronic Frontier*, New York, Bantham 1992 (trad. it. *Giro di vite contro gli hacker*, ShaKe Underground, Milano 1993).

[84] Wikipedia, *Internet,* <it.wikipedia.org/wiki/Internet>, 8 settembre 2011 (accesso).

Internet connette centinaia di milioni di computer con i più svariati mezzi trasmissivi e, in accordo con le intenzioni dei suoi inventori, è ormai diventata la "rete delle reti" o la "rete globale". È pertanto percepita come la più grande rete telematica mondiale, anche se la rete telefonica resta ancora la rete di telecomunicazione più capillare.

Interessanti sono le modalità attraverso le quali è nata la rete. Inizialmente, si trattava di un progetto del Dipartimento della difesa statunitense per lo sviluppo di una rete telematica decentrata, noto come progetto Arpanet. Alla fine della guerra fredda, la rete è stata messa a disposizione del pubblico, per possibili impieghi civili e commerciali. Dapprima si sono collegati i centri universitari, quindi la rete si è allargata alle utenze casalinghe. Sul piano tecnico, Internet può essere concettualizzata come una rete logica di enorme complessità. Si appoggia a strutture fisiche e collegamenti di vario tipo, come fibre ottiche, collegamenti satellitari, cavi coassiali, link su radiofrequenza (WiFi), doppino telefonico, ponti radio, raggi laser, onde convogliate su condotte elettriche o persino idrauliche. Grazie a tali strutture, agenti umani o automatici sono interconnessi ad altri agenti umani e automatici.

La connessione avviene tramite ogni tipo di computer ed elaboratore elettronico, presente e futuro, esistente o soltanto immaginabile. Poiché la rete è in continuo mutamento, è difficile immaginarla come una "cosa". Sembra più adeguato pensarla come un fenomeno in evoluzione, un processo. La "rete delle reti" è, infatti, formata da tutta una serie di reti, private, pubbliche, aziendali, universitarie, commerciali, la cui connessione o disconnessione avviene in modo continuo e imponderabile. Anche se ci sono degli invarianti dell'esperienza di navigazione, nessuno può davvero sapere come sarà la rete il giorno successivo, nessuno davvero sa come la rete funziona nel suo complesso.

Molte delle reti locali che hanno dato vita a Internet esistevano già prima della sua nascita. In particolare, erano state sviluppate dalle Università, o dai singoli dipartimenti delle stesse, da uffici governativi, o da organizzazioni a dimensione internazionale. Così, la grande questione non è stata tanto quella di allacciare un certo numero di computer tra loro, quanto rendere compatibili e reciprocamente riconoscibili le varie reti già esistenti[85].

Alla base del progetto civile c'è, come si può vedere, un spirito universalista. Si implementa una tecnologia della comunicazione capace di unire tutto e tutti, superando i tradizionali confini del pubblico e del privato, del lavoro e del tempo libero, del nazionale e dell'estero, dell'alta cultura e della cultura popolare, del soggetto e dell'oggetto, dell'operatore e dell'utente. È uno strumento che da voce a tutti e supera ogni barriera, mettendo così in crisi i tradizionali tentativi dei governi di controllare l'informazione. Questo conferma una grande verità, troppo spesso dimenticata: *la tecnica non è neutrale sotto il profilo etico*.

3.3. L'avvento del personal computer

L'uso civile di Internet si rende possibile grazie all'invenzione e alla commercializzazione su vasta scala del personal computer. Fino a quando i computer erano costosissimi e ingombranti oggetti a disposizione soltanto degli apparati militari, delle università e delle grandi aziende non era possibile alcuno sviluppo civile. Nemmeno l'esplosione degli *home computer*, una generazione di macchine meno sofisticate del *personal*

---

[85] Così continua la voce dell'enciclopedia: «Generalmente Internet è definita "la rete delle reti" o semplicemente "rete". Infatti Internet è costituita da tutta una serie di reti, private, pubbliche, aziendali, universitarie, commerciali, connesse tra di loro. In effetti, già prima della sua nascita, esistevano reti locali, principalmente nei centri di ricerca internazionali e nei dipartimenti universitari, che operavano ciascuna secondo modalità proprie di comunicazione. Il grande risultato della nascita e dell'affermazione di Internet è stato quello di creare uno standard *de facto* tra i protocolli di comunicazione che interoperasse tra le varie reti eterogenee, consentendo ai più diversi enti e agenti (diversi governi, diverse società nazionali o sovranazionali, tra i vari dipartimenti universitari) di scambiarsi dati mediante un protocollo comune, il TCP/IP, relativamente indipendente da specifiche hardware proprietarie, da sistemi operativi, dai formati dei linguaggi di comunicazione degli apparati di rete di comunicazione (modem, router, switch, hub, bridge, gateway, repeater, multiplexer). *Ibidem*.

computer, favorì l'estensione della rete. Si doveva attendere l'avvento del PC.

Uno dei primi modelli di microprocessore con finalità ricreazionali ad apparire sulla scena fu Apple I, prodotto dall'omonima azienda creata da Steve Jobs, Steve Wozniak e Ronald Wayne, nel 1976. Nel 1977 fecero la loro comparsa l'Apple II e il Commodore PET. Poi seguirono gli Amiga, gli Atari e i Macintosh, basati prevalentemente su CPU a 16 bit. Queste macchine avevano unità a disco incorporate (floppy disk o hard disk) e sistemi operativi in grado di gestirle in modo completo e affidabile. Un momento di svolta si registrò tuttavia il 12 agosto 1981, quando fu presentato alla stampa il personal computer di IBM, progettato da un gruppo di ingegneri guidato da William Lowe. Si trattò di un passo decisivo, perché fino a quel momento le multinazionali dell'elettronica avevano snobbato l'idea del microcomputer, lasciando campo libero alle piccole aziende d'avanguardia. «Che bisogno ha una persona di tenersi un computer in casa?» – si chiedeva Kenneth Olsen, il fondatore della Digital, nel 1977.

La macchina messa sul mercato (modello 5150, processore 8088 a 4,77 MHz, memoria RAM da 64 Kb, lettore floppy da 5,25 pollici, tastiera, monitor monocromatico a 12 pollici) costava tremila dollari nel modello base e seimila nella versione sofisticata. La previsione era di venderne duecentomila esemplari in cinque anni. Se ne vendettero duecentocinquantamila in dieci mesi, forse per la curiosità del pubblico e perché IBM aveva la reputazione di azienda seria e affidabile. La corsa all'acquisto, nonostante la modestia della macchina e il costo non proprio basso, convinse l'azienda a mettere il PC al centro dei propri piani. Non sfugga un particolare fondamentale: con quella macchina si poteva fare ben poco, ma l'idea di avere un computer in casa, quando si potevano vedere solo nei film di fantascienza e nei documentari, era sufficientemente stuzzicante per spingere all'acquisto. Ciò significa che lo spirito prometeico, generato o nutrito dalla cultura fantascientifica, è discretamente diffuso tra la gente comune.

Il successo ha poi raggiunto livelli ancora superiori grazie ad una decisione che ha qualcosa a che fare con l'ethos classico della scienza[86]. Robert K. Merton, negli anni Quaranta, aveva posto un problema importante: la pratica dei brevetti industriali è in contrasto con la norma etica del comunismo epistemico[87]. In teoria, il sapere scientifico e tecnico dovrebbe essere un bene comune dell'umanità, ma in pratica i brevetti hanno reintrodotto quel segreto scientifico che era in voga nei laboratori alchemici del Medioevo. Sembrava una questione difficilmente superabile, dato che si assumeva che l'azienda avesse *interesse* a tenere segrete le invenzioni tecniche e le scoperte scientifiche suscettibili di applicazione.

L'IBM dimostra che questa regola conosce eccezioni. L'azienda americana adotta una strategia rivoluzionaria: compra i componenti del PC sul libero mercato e rende pubblici il suo schema logico e quello circuitale, senza coprirli con brevetti e vincoli legali. Così facendo, motiva molti altri produttori di hardware a inserirsi nell'affare, innescando una corsa alla qualità e alla novità. Puntando sulla cooperazione più che sulla competizione, sulla pubblicità più che sul segreto, l'IBM genera quella che gli americani chiamano strategia *win-win*, dove tutti i soggetti coinvolti risultano vincitori, consumatori inclusi. Il risultato è un prodotto che migliora rapidamente e, nel contempo, diventa sempre più economico. La stessa strategia viene adottata per quanto riguarda il software di gestione della macchina. Invece di sviluppare un proprio sistema operativo, IBM lo acquista da un'azienda destinata a grande fortuna, la Microsoft, che nell'anno mirabilis 1980 era solo una piccola azienda di Seattle. Acquistando il programma della Microsoft (il famoso DOS: Disk Operating System), IBM risparmia risorse umane e finanziarie, ma allo stesso tempo accetta il principio

---

[86] Cfr. R. Campa, *Etica della scienza pura: un percorso storico e critico*, Sestante, Bergamo 2007.

[87] «Il comunismo dell'ethos scientifico è incompatibile con la concezione dell'economia capitalistica che la tecnologia sia "proprietà privata". Scritti correnti sulla "frustrazione della scienza" riflettono questo conflitto. I brevetti proclamano diritti esclusivi di uso e, spesso, di non uso». Cfr. R. K. Merton, *Teoria e struttura sociale*, Il Mulino, Bologna 2000: p. 1068.

che la propria macchina non debba essere unica, ma possa essere compatibile con altre macchine. Il risultato è che altri produttori di software mettono sul mercato programmi che permettono di sfruttare meglio le potenzialità del personal computer, indipendentemente dalla marca.

3.4. Nasce il World Wide Web

Per la cronaca, il World Wide Web nasce il 6 agosto 1991, quando il matematico Tim Berners-Lee pubblica il primo sito nella rete Internet, utilizzando la tripla W (www). Nel 1992, presso il CERN di Ginevra viene definito il protocollo HTTP (HyperText Transfer Protocol). Con questo sistema è possibile una lettura non-sequenziale dei documenti, ossia si può saltare da un punto all'altro della rete mediante l'utilizzo di rimandi o link (la definizione più precisa è comunque: hyperlink). Si tratta della lettura ipertestuale. L'anno successivo viene realizzato il Mosaic, il primo navigatore o sfogliatore di pagine web con prestazioni simili a quelle degli attuali browser. I navigatori rivoluzionano il modo di pubblicare e cercare le notizie.

Negli anni novanta si scatena una guerra dei browser e, riguardo alla stessa, nasce la prima controversia etica. Nella prima metà degli anni novanta il browser Netscape Navigator diventa molto sofisticato e popolare. Microsoft si sente minacciata negli interessi e intraprende una competizione commerciale, inserendo il navigatore Internet Explorer nel proprio sistema operativo Windows. Recupera così il tempo perduto, conquistando una posizione di assoluto monopolio, al punto che ora Windows e Internet Explorer sono termini noti a ogni possessore di computer. La nascita del monopolio informatico – tra l'altro a dimensione mondiale – diventa un problema politico, legale ed etico. Internet Explorer è a pagamento e alcune pagine web sono accessibili soltanto a certi navigatori. Sembra quindi venire meno quella che doveva essere la filosofia di base della rete telematica globale.

La battaglia, che prima era commerciale, diventa una questione di principio. Alcuni scienziati e ingegneri si impegnano a fornire alla rete un avanzato navigatore gratuito. Nel 1998 è la stessa Netscape a reagire, mettendo in campo il progetto Mozilla, che prevede il rilascio del codice con una licenza *open source*. Per ovviare al fatto che alcune pagine sono accessibili solo a certi navigatori, vengono sviluppati programmi che permettono ai browser di fingersi altri browser, attraverso la modifica del proprio *user agent*. Di là da questi particolari tecnici, la questione è che vi sono ingegneri e operatori che operano con fini commerciali e altri in modo più disinteressato.

Nel complesso, Internet risulta essere un luogo di scambio di idee, immagini e suoni radicalmente diverso da tutti i media visti prima. Dunque, se ha ragione Marshall McLuhan nel dire che il medium è il messaggio, Internet sembra essere un messaggio di universalismo delle conoscenze e di (quasi) universalità delle sensazioni. È anche un messaggio di comunismo epistemico e doxastico – giacché i naviganti mettono in comune, per lo più gratuitamente, i propri saperi e le proprie opinioni. Riguardo alle sensazioni diciamo "quasi", perché manca il contatto tattile e olfattivo, presente nella comunicazione orale delle società tribali. In cambio, l'uomo della società postindustriale, il nomade della modernità liquida, per dirla con Zygmunt Bauman, ottiene l'eliminazione delle distanze spaziali e temporali, ottiene la possibilità di fluttuare a piacimento in diverse realtà psichiche. È proprio questo l'aspetto che sembra avere l'impatto maggiore sulla psiche e la vita sociale.

Internet – lo abbiamo visto – nasce con finalità militari. Viene creato perché si sente bisogno di un sistema di comunicazione che possa funzionare anche in caso di attacco nucleare. Un tale sistema di comunicazione non può avere un centro e delle periferiche, un cervello e un corpo, o delle vie prestabilite da un punto a un altro, perché diventerebbe vulnerabile. Ma proprio l'eliminazione del centro e delle vie di comunicazione prestabilite diventa un fattore di libertà degli utenti. Internet, come lo conosciamo oggi, quello a uso civile, non viene creato sulla base di un progetto, di un piano dettagliato deciso dall'alto. Si registra il contributo spontaneo di ingegneri, programmatori, costruttori, pionieri e utenti che porta alla situazione attuale. Per tale ragione non è facile rispondere alla domanda: quale etica si cela dietro questa invenzione tecnologica? Abbiamo già accennato al fatto che dietro il progetto stesso di Internet c'è l'idea di unire il mondo. A motivare i costruttori sono inizialmente gli scopi scientifici (sono le università a collegarsi per prime). Le aziende si buttano nell'impresa subito dopo, mosse ovviamente da scopi commerciali. Infine, gli utilizzatori privati, proprio perché relativamente liberi, mettono nella rete i propri contenuti, quali essi siano. Così, può paradossalmente accadere che con uno strumento nato per unire e che de facto unisce, connette, collega, si faccia propaganda alla divisione, alla guerra, alla discriminazione, alla segregazione. Se l'etica presupposta dal mezzo non coincide necessariamente con l'etica da esso promossa, fino a che punto vale l'equazione tra medium e messaggio?

3.5. Pro e contro la rete

La letteratura sull'impatto psicologico e sociale della rete è molto vasta. A tal riguardo, troviamo particolarmente utili alcune considerazioni avanzate dal sociologo canadese Derrick de Kerckhove. Tra gli allievi di McLuhan, è forse quello che ha suscitato maggiore interesse nel pubblico, pubblicando libri di successo come: *Brainframes, La pelle della cultura,* o *L'architettura dell'intelligenza*[88].

De Kerckhove sostiene che Internet, più che realizzare definitivamente il concetto di villaggio globale formulato dal maestro, lo rende obsoleto. Più che un villaggio globale, grazie a nuove tecnologie come Internet e il telefonino cellulare, ora ci sono individui globali. Tutti noi, grazie alle nuove possibilità di accesso alle comunicazioni satellitari e alle nostre infinite connessioni globali via Internet, siamo individui globali dal punto di vista psicologico. Si parla molto di globalizzazione dal

---

[88] Cfr. D. Kerckhove, *Brainframes. Mente, tecnologia, mercato*, Baskerville, 1993; La *pelle della cultura. Un'indagine sulla nuova realtà elettronica*, Costa & Nolan, 2000; *L'architettura dell'intelligenza (La rivoluzione informatica)*, Testo & Immagine, 2001.

punto di vista della finanza e dell'economia, ma il processo riguarda innanzitutto la psicologia, lo stato mentale e la percezione. In genere, si associa lo sviluppo tecnologico alla frenesia e all'omologazione, ma de Kerckhove sembra pensarla diversamente: «L'accelerazione delle tecnologie e delle comunicazioni riconsentirà di rallentare i nostri ritmi e di scoprire la vera quiete. Quiete che può fornire lo scenario per una necessaria trasformazione psicologica, dato che, in ultima analisi, il potere cybertecnologico comporterà anche un impegno volto ad una maggiore conoscenza di sé»[89].

Per tale ragione, lo studioso canadese invita a non demonizzare Internet. Senza sottovalutarne i rischi potenziali, mette in luce gli aspetti etici della nuova tecnologia e, perciò, il suo discorso acquista particolare significato in questa sede. Proprio perché abbatte le frontiere, le differenze linguistiche, etniche, generazionali, sessuali, annulla le distanze, riduce e spesso annulla il tempo di comunicazione, il cosmopolitismo tecnologico deve essere visto come il lato positivo della globalizzazione, deve essere visto come «la condizione naturale di tutti noi, una nuova forma di etica»[90].

C'è chi reputa Internet un veicolo di messaggi immorali, per via della presenza pervasiva di siti a carattere erotico o pornografico. Altri ribattono che la valutazione dell'erotismo o della pornografia poggia su un giudizio soggettivo. Tale tipo di giudizio morale si riversa su qualsiasi tipo di messaggio non condiviso. I siti propagandano visioni del mondo e idee politiche o religiose di qualsiasi tipo. Qualcuno le troverà condivisibili, qualcun altro le denuncerà come aberrazioni. Internet è una fotografia della società. Nella rete si trova quello che si trova nelle strade, nelle case, nella testa della gente. Questo è vero solo in parte per gli altri media, come i giornali o la televisione, perché sono spesso controllati da multinazionali e da governi che fanno passare certi messaggi e non altri. Sono soggetti a un filtro molto potente. In questo senso, la rete telematica globale è

---

[89] Citato da: *Globalismo nuova etica. De Kerckhove ospite del Laboratorio della comunicazione*, «Messaggero Veneto», 28 luglio 2002.
[90] *Ibidem*.

più democratica, perché priva di questo filtro[91]. La vittoria di molti outsider nelle competizioni elettorali più recenti e le rivoluzioni nel mondo arabo, tuttora in corso, devono molto a Internet. In particolare, sono state organizzate dal basso tramite social network come facebook o twitter. Gruppi sociali con poche risorse finanziarie, ma con idee che incontravano il comune sentire dei cittadini, sono riusciti a piegarne altri politicamente più potenti, sostenuti da poteri forti. Naturalmente, la valutazione di questo fenomeno sarà positiva o negativa, a seconda di chi si ritiene essere il legittimo o naturale depositario del potere, ma il ruolo della rete nel generare e sostenere le sommosse può difficilmente essere negato[92].

Qualcuno mette l'accento sul fatto che le notizie pubblicate in rete sono spesso e volentieri non attendibili e quindi possono rivelarsi pericolose. La nascita della rete è stata accompagnata da una vera e propria eruzione di teorie complottistiche, alcune delle quali sembrano incredibilmente fantasiose. C'è chi sostiene che i leader mondiali siano una razza extraterrestre rettiliana che si nutre di sangue umano, chi dice che l'attacco al World Trade Center l'ha organizzato la stessa C.I.A., chi racconta di una setta luciferina che regge segretamente i destini del mondo, chi crede che la Terra sia un essere vivente, chi è convinto che Franklin Delano Roosevelt abbia stretto un patto con gli alieni per dotare gli USA di nuove tecnologie, e via dicendo. L'aspetto straordinario è che tantissima gente crede a queste tesi. Ma è forse colpa della rete? A ben vedere, storie

---

[91] [Nota aggiunta] Filtri e censure naturalmente esistono anche per la rete, tanto nelle società democratiche quanto in quelle autoritarie. Tuttavia, è innegabile che la rete resti un luogo più libero rispetto ai media tradizionali, tanto che moltissime idee non ci avrebbero mai raggiunti senza di essa. Di questo non sono tutti contenti. Sono in atto continui tentativi dei governi di rafforzare il controllo sull'informazione che circola in rete, magari utilizzando il pretesto delle "fake news". Diciamo "pretesto" non per negare esistenza di notizie false o il loro effetto negativo sulla società, ma per evidenziare il fatto che la narrazione dei governi è a senso unico e certamente non disinteressata. *De facto* le "fake news" ci sono anche nei giornali e nelle televisioni dei grandi gruppi privati e dello Stato.

[92] Cfr. C. Tamburrino, *Libia, si combatte anche online*, «Punto Informatico», 23 agosto 2011.

straordinarie sono state inventate e credute sin dall'inizio dei tempi. Le religioni e i miti ne costituiscono un esempio lampante. E con questo non vogliamo dire che nessuna di queste storie "incredibili", presenti o passate, possa essere vera. Probabilmente, chi si lamenta per il fiorire di queste nuove credenze teme di perdere il monopolio che il controllo dei mezzi di informazione prima assicurava.

La crescita del "rumore", il fiorire di nuovi culti, di nuove ideologie politiche, il polverizzarsi delle credenze tradizionali, il diffondersi di nuove interpretazioni della realtà e di nuove visioni del mondo rende evidente l'avvento di quel politeismo dei valori già annunciato da Max Weber[93]. Prima, soltanto le persone colte avevano il sentore di questo politeismo, mentre la gente comune viveva isolata in un villaggio, in un quartiere, a contatto con persone che condividevano la stessa lingua, la stessa visione del mondo, lo stesso stile di vita, le stesse credenze, più o meno plausibili. Oggi basta premere il pulsante d'accensione del proprio personal computer per leggere, vedere e sentire questa realtà. Oggi le comunità umane – intese come gruppi sociali uniti da comuni valori, conoscenze, credenze, narrative – coincidono sempre meno con le tradizionali comunità territoriali. L'alieno non è più necessariamente chi vive dall'altra parte del globo, ma potrebbe anche essere l'umano della porta accanto. È sufficiente che due vicini di casa frequentino per alcuni anni comunità virtuali eterogenee per diventare perfetti estranei. Pur condividendo lo stesso regolamento condominiale, potrebbero arrivare ad avere interpretazioni della realtà, convinzioni morali, credenze religiose molto diverse, non solo non condivise ma persino sconosciute. Si tratta di un fenomeno assente nelle società arcaiche, moderatamente presente nelle realtà metropolitane industriali, in espansione nelle società postindustriali.

Un altro problema etico-politico che è stato a più riprese sollevato è quello del *digital divide*. Non tutti hanno accesso ad Internet, anche nei paesi tecnologicamente avanzati, perché

---

[93] M. Weber, *Il politeismo dei valori,* (a cura di F. Ghia), Morcelliana, Brescia 2010.

situazioni di monopolio pubblico o privato delle reti telefoniche, interessi corporativi o l'inefficienza dei governi impediscono l'accesso alla banda larga a moltissimi cittadini. Per non parlare poi di quelle regioni del mondo in cui l'accesso a Internet è impossibile a causa della mancanza di infrastrutture o per l'eccessivo costo dei computer rispetto al reddito medio locale. Sollevare questo tipo di problemi significa farsi portatori di un'infoetica positiva o progressiva. Il "male" è visto nella mancanza di tecnologie informatiche o nella mancanza di accesso generalizzato alle nuove tecnologie informatiche.

C'è, però, anche chi si fa promotore di un'infoetica negativa o regressiva. C'è chi rimpiange la vecchia lettera cartacea, rispetto all'e-mail; chi l'incontro al bar, rispetto al forum telematico; chi il giornale sporco d'inchiostro da portare a letto o in giardino, rispetto al *webmagazine*. Sebbene si tratti di preferenze legittime, meno giustificabile appare la critica alla rete (e a chi la preferisce) che sovente le accompagna. Si tratta il più delle volte di mero passatismo, o nostalgia ingiustificata, dal momento che nulla vieta di scrivere una lettera cartacea, di fare una chiacchierata al bar con gli amici, o di andarsi a comprare il giornale in edicola. La tecnologia offre nuove possibilità, senza necessariamente cancellare le vecchie. Certamente, mandare una lettera cartacea alla propria fidanzata, oggi, potrebbe apparire eccentrico o bizzarro, considerando che la maggioranza opta ormai per il messaggino telefonico o l'e-mail. Ma che c'è di male a essere anticonformisti? Si accusa la massa di omologazione, ma chi si lamenta dell'esistenza di cellulari e computer non sostiene forse implicitamente che sarebbe bello se *tutti* rifiutassero questi mezzi? E non è questa un'implicita istanza di conformismo? La continua immissione di nuove tecnologie nel tessuto sociale rende il mondo più vario e complesso, non certo più omologato o omogeneo. Non potendo possederle e maneggiarle tutte, finiamo per differenziarci.

3.6. Il problema della privacy

Vi sono però anche obiezioni serie, avanzate non da tecnofobi, ma da esperti che vorrebbero migliorare e rendere più sicuro questo mezzo di comunicazione. Diversi studiosi e utenti hanno posto l'accento sulla mancanza di privacy, sul controllo delle informazioni, sul fatto che lo scambio non è più solo tra due soggetti, mittente e destinatario, ma diventa potenzialmente accessibile a terzi e, soprattutto, registrabile in una banca dati a carattere permanente, sul fatto che l'identità può essere facilmente contraffatta, esponendo persone ad abusi che possono portare a conseguenze disastrose per la loro vita.

Su questo tema, da qualche tempo, circola una battuta: «Non preoccupatevi della privacy. L'avete già persa». C'è però chi continua a preoccuparsi, non senza ragioni. Per esempio, Vinicio Colletti, programmatore e radioamatore (e, dunque, tutt'altro che tecnofobo), s'interroga sul fatto che il nuovo mezzo richiede fiducia incondizionata agli utenti, senza offrire adeguate garanzie:

> Ritengo di dover segnalare un aspetto finora mai considerato, che io sappia, nelle discussioni sui problemi giuridici dell'informatica. Si parla spesso dei reati informatici che un utente collegato ad un sistema telematico può compiere, ma nessuno ha mai pensato di affrontare il tema della garanzia opposta, quella che i sistemi informatici dovrebbero offrire agli utenti che si abbonano o comunque si collegano ad esso. A tutt'oggi non esiste, ad esempio, nessuna garanzia tecnica che la password scelta da ogni utente come chiave di accesso personale venga in effetti mantenuta segreta dai gestori di un sistema telematico. Ciò rende possibili tutta una serie di reati, a cominciare dal falso ideologico, estremamente gravi e difficili da provare, perché il programma di gestione di un sistema telematico può essere modificato nel giro di pochi minuti e poi, a password carpita, modificato di nuovo senza lasciare tracce[94].

---

[94] V. Colletti, *Quali garanzie per l'utente?*, «Interlex. Diritto Tecnologia Informazione», 2002.

Si può risultare autori di testi mai scritti o membri di *newsgroup* ai quali non ci si è mai iscritti. Molte conferenze sono state organizzate su questi temi etico-giuridici. Lo stesso Colletti, meglio di tanti sociologi, riassume in modo estremamente chiaro e schematico tutti gli abusi, ovvero i comportamenti censurabili o discutibili sul piano etico-giuridico che possono essere commessi dal cliente o dal gestore del servizio.

Un numero sempre più vasto di persone utilizza Internet come mezzo di comunicazione, sia come passatempo che per motivi di studio o lavoro. Nell'avvicinarsi a questo strumento molti sono condizionati in modo inconscio dai mezzi che esso sostituisce. Nell'usare la posta elettronica, ad esempio, si è portati a pensare che questo canale di comunicazione abbia la stessa affidabilità e riservatezza della vecchia e cara busta di carta, smistata dagli uffici postali. Il che non è vero. Le conseguenze di questa confusione possono, in qualche caso, essere persino tragiche, ma anche la vita di tutti i giorni può essere sottilmente influenzata dalla totale mancanza di riservatezza e dalle possibili intrusioni che Internet garantisce. Innanzitutto vanno considerate le due possibili categorie di luoghi da cui gli illeciti possono essere commessi: dalla postazione utente (client) o nella sede del fornitore del servizio di connessione (server)[95].

I possibili illeciti "lato client" sono ben noti, perché negli ultimi anni si sono verificati molti casi etici e giudiziari, ai quali i giornali hanno dato notevole risalto. Colletti li riassume così: «L'intrusione in sistemi telematici, allo scopo di carpire informazioni o provocare disservizi. La saturazione di postazioni telematiche remote, allo scopo di provocare una sospensione dei servizi forniti. Lo scambio o la pubblicazione di materiali pornografici riguardanti bambini (pedofilia telematica). L'invio di corrispondenza oscena, minatoria o diffamatoria. L'invio di corrispondenza sotto falso nome, allo

---

[95] *Ibidem.*

scopo di diffamare il finto mittente. La diffusione di virus informatici»[96].

Si badi che la censura dei menzionati comportamenti dipende da una valutazione morale che non è universalmente condivisa. Per fare un esempio, gli hackers – termine che indica gli autori di intrusioni in sistemi telematici per carpire informazioni o provocare disservizi – vedono se stessi come agenti etici. Si pensi soltanto all'iniziativa di Julian Assange, che sta mettendo in subbuglio mezzo mondo[97]. Agli occhi di molti cittadini, gli hackers di *WikiLeaks* carpiscono informazioni riservate e le rendono pubbliche, un po' come Robin Hood rubava ai ricchi per dare ai poveri[98]. La valutazione positiva di questa iniziativa, da parte di una buona fetta della popolazione mondiale, dipende naturalmente dalla mancanza di fiducia nelle istituzioni, dalla diffidenza nei confronti di governi e multinazionali

---

[96] *Ibidem.*

[97] [Nota aggiunta]. È un dato di fatto che, proprio grazie ad Assange e Wikileaks, ora sappiamo che i governi dei paesi occidentali hanno commesso crimini di guerra e diffuso notizie false. Per esempio, le forze armate americane hanno ucciso civili per divertimento, torturato prigionieri e assassinato giornalisti in Iraq, mentre i servizi segreti hanno rapito cittadini innocenti, inclusi bambini, e li hanno rinchiusi per anni nella prigione di Guantanamo senza regolare processo. Il governo inglese e quello americano, invece di perseguire i colpevoli, hanno nascosto le informazioni all'opinione pubblica e arrestato Assange. Cfr. C. McGreal, *Wikileaks reveals video showing US air crew shooting down Iraqi civilians*, «The Guardian», 5 aprile 2010; N. Davies, J. Steele, D. Leigh, *Iraq war logs: secret files show how US ignored torture*, «The Guardian», 22 ottobre 2010; D. Leigh, J. Ball, I. Cobain, J. Burke, *Guantánamo leaks lift lid on world's most controversial prison. Innocent people interrogated for years on slimmest pretexts. Children, elderly and mentally ill among those wrongfully held*, «The Guardian», 25 aprile 2011; P. Daley, *'All lies': how the US military covered up gunning down two journalists in Iraq*, «The Guardian», 14 giugno 2020.

[98] Così Wikileaks presenta al pubblico la propria missione: «WikiLeaks is a not-for-profit media organisation. Our goal is to bring important news and information to the public. We provide an innovative, secure and anonymous way for sources to leak information to our journalists (our electronic drop box). One of our most important activities is to publish original source material alongside our news stories so readers and historians alike can see evidence of the truth». http://wikileaks.org/About.html

dell'informazione, considerati produttori sistematici di menzogne e manipolazioni[99].

In genere, gli hackers sostengono di non avere scopi distruttivi. Ma anche coloro che agiscono al solo scopo di sabotare potrebbero avere motivazioni etiche. Insomma, se accettiamo (sociologicamente) l'idea che l'etica è in certa misura relativa, anche il tecnofobo che cerca di causare disservizi perché odia la rete è un attore "etico". Dal suo specifico punto di vista, considera la tecnologia informatica un male e cerca quindi di sabotarla. È, d'altronde, vero che molto spesso gli hackers agiscono a scopo di lucro o per puro divertimento e che, in ogni caso, il loro comportamento è punito dalla legge. Nella misura in cui la legge rappresenta il sentire etico comune (dovrebbe essere così nei paesi democratici), i comportamenti sopra menzionati possono essere definiti azioni non etiche che si realizzano grazie alla tecnologia.

Si aggiunga che non tutti vedono la privacy come un valore in sé, o la pongono al primo posto in una scala assiologica. In particolare, se sono coerenti, non possono vedere la privacy come un valore i luddisti. Nelle società arcaiche non c'era alcuna privacy: si viveva seminudi in spazi ristretti, in situazione di promiscuità sessuale, condividendo beni e mezzi di produzione. Nelle società arcaiche *tutti sapevano tutto di tutti*. La privacy è diventata un valore nel mondo moderno – un mondo in cui non si può più essere trasparenti, non si può più dire *tutta la verità*. Per fare carriera, salvare un matrimonio, mantenere buoni rapporti con il vicinato, si deve mentire o si deve tacere. Milioni di persone debbono nascondere le proprie reali preferenze politiche, sessuali, morali, religiose, ecc., o vivere sotto ricatto. Questo accade perché una tradizione morale che si è formata nelle società agricole post-neolitiche, basata sul rapporto monogamico e la fedeltà alla comunità locale, è rimasta in vita nelle società industriali e parzialmente anche in quelle post-industriali, pur essendo strutturalmente incompatibile con

---

[99] Sulla questione della fiducia, vedi P. Sztompka, *Trust. A Sociological Theory,* Cambridge University Press, Cambridge 1999.

le stesse. La diffusione dell'ipocrisia è una conseguenza di questa dissonanza culturale.

Ecco allora che, nella misura in cui la rete fa saltare la privacy, fa saltare anche questo stato d'ipocrisia. I social network, attraverso la pubblicazione quasi incontrollata di foto, video e testi, rivelando aspetti sconosciuti della vita delle persone, facendo emergere segreti del passato o eccentricità del presente, *de facto* mettono in crisi il sistema, oltre che generare noie nella vita privata dell'individuo. Se l'irreprensibile direttore di banca frequenta prostitute o transessuali e la rete lo smaschera, questi potrà perdere la moglie o il lavoro. Ma se, con l'ulteriore sviluppo delle tecnologie informatiche, si dovesse scoprire che l'infedeltà coniugale è la regola e non l'eccezione, non salterà piuttosto l'istituzione matrimonio così come ora è concepita? Se la verità è un valore, non è forse giusto che la società appaia per quello che è?

Anche accettando questa filosofia della trasparenza, i problemi legati al controllo delle informazioni non sono però del tutto svaniti. La questione che resta in campo è che ci sono alcuni soggetti che hanno un accesso privilegiato alle informazioni rispetto ad altri: i gestori.

Per quanto riguarda, invece, ciò che può accadere nelle sedi dei gestori, va tenuto sempre presente che, per motivi tecnici, nessun computer potrà mai mantenere dei segreti. Bisogna quindi diffidare innanzitutto di quei provider che osano fare dichiarazioni del tipo «noi non possiamo vedere in nessun modo ciò che fate», perché si tratta semplicemente di una dichiarazione falsa. Se il server utilizza, cosa peraltro del tutto improbabile, un sistema operativo semplice, di vecchio tipo (MsDos, Windows 3.1, Windows 95, Windows 98), ogni persona che acceda fisicamente al computer sarà in grado di esaminare e modificare ogni singolo byte presente in memoria e sui dischi. Ma anche nel caso di sistemi multiutente, come quelli normalmente utilizzati sui server, c'è almeno una utenza in grado di accedere ad ogni dato presente sul sistema, senza eccezione alcuna. D'altra parte è ovvio che sia così, perché in caso contrario si potrebbe perdere il controllo di un sistema informatico per un semplice errore software che a quel punto nessuno sarebbe in grado di riparare. Ecco dunque che sui sistemi Windows NT c'è l'utente "administrator", mentre sui sistemi di tipo Unix (Aix, Hp/Ux, Solaris, Linux, Free Bsd ecc.) a possedere la caratteristica dell'onnipotenza è l'utente "root"[100].

Secondo Colletti, i possibili comportamenti illegali lato server, sicuramente meno noti al grande pubblico, sono i seguenti:

• L'intercettazione della corrispondenza inviata attraverso i sistemi telematici.
• L'identificazione dei siti Web visitati e la visualizzazione del contenuto delle pagine consultate.
• La censura preventiva sui messaggi spediti nei gruppi di discussione (newsgroup), nonché la modifica dei mittenti e persino del contenuto dei messaggi ritenuti non graditi.
• Il monitoraggio delle conversazioni in diretta (chat) con identificazione dell'utente, anche quando questo utilizzi degli pseudonimi, con possibile memorizzazione permanente delle stesse.
• La diffusione di virus informatici, sia in generale, che verso categorie di utenti o utenti specifici.
• L'intrusione nei computer degli utenti, per carpire informazioni.
• L'alterazione volontaria della identificazione degli utenti, allo scopo di deviare, sostituire o modificare il contenuto dei messaggi spediti per via telematica.
• La falsificazione dei log di sistema, allo scopo di eliminare le prove di azioni illecite o, al contrario, per inventare di sana pianta attività mai avvenute[101].

L'autore si lamenta anche del fatto che nessuno (i media, gli studiosi, i politici, ecc.) sembra prestare la minima attenzione a questa preoccupante situazione. In realtà, nei quasi dieci anni che sono passati dalla pubblicazione dell'articolo, molti scritti sono apparsi su questo tema. È però vero che i problemi restano

---

[100] V. Colletti, *Quali garanzie per l'utente?*, op. cit.
[101] *Ibidem.*

di attualità. Non si è ancora trovato un sistema efficace e condiviso per verificare il comportamento di chi gestisce le reti telematiche. Di conseguenza, ancora oggi, i gestori si ritrovano tra le mani un enorme potere di controllo, utilizzabile, in assenza di regolamenti specifici, anche in modo puramente arbitrario.

Le banche dati finite prima nelle mani di Assange e poi in quelle di tutti noi testimoniano che le preoccupazioni di Colletti erano (e sono) più che fondate. Ma quella mancanza di verifica che ora preoccupa i governi dovrebbe preoccupare anche noi, perché la situazione potrebbe ribaltarsi. C'è insomma materiale per riflettere, dal momento che uno strumento nato per liberare il cittadino, per dargli potere nei confronti dei governi, dei partiti, delle chiese, delle multinazionali, potrebbe generare al contrario uno scenario orwelliano, senza che l'utente si renda conto del pericolo al quale va incontro.

3.7. Il controllo politico della rete

Il caso più clamoroso di scenario orwelliano effettivamente verificatosi è stata la collaborazione fornita dalle aziende informatiche americane alla Cina Popolare per arrestare i "dissidenti" – spesso persone che hanno semplicemente criticato il regime comunista in alcuni forum di discussione e sono state per questo condannate a molti anni di reclusione. Il primo a cadere nella rete è stato il giornalista Shi Tao, trentasettenne collaboratore di un noto quotidiano economico di Changsha. «Shi Tao, come sottolinea il Commitee to Protect Journalists, è stato condannato a dieci anni di prigionia per aver divulgato in tutto il mondo alcune "direttive segrete" emanate da Pechino: veri e propri divieti rivolti ai direttori di tutte le testate nazionali, scritti con tono intimidatorio, che stabilivano il divieto di raccontare il quindicesimo anniversario della rivolta di Piazza Tienanmen, svoltosi lo scorso giugno»[102].

---

[102] T. Lombardi, *Cina: la figuraccia di Yahoo!*, «Punto Informatico», 8 settembre 2005.

La notizia ha scatenato una dura reazione da parte della commissione parlamentare americana sui diritti umani. Così ricostruisce la vicenda il web magazine *Punto Informatico*: «Gli affari sono affari, negli Stati Uniti: in Cina possono essere anche guai seri, specialmente quando la corsa all'oro segue un percorso che calpesta i diritti umani. Il parlamento americano ha perciò condannato aspramente il comportamento di Microsoft, Google, Cisco e Yahoo!, colossi industriali accusati di essere scesi a compromessi con i diktat della Repubblica Popolare Cinese, patria della censura totale su Internet. L'amministrazione di Washington ha accusato queste grandi multinazionali di avere anteposto il profitto al valore supremo della libertà d'espressione, cardine costituzionale degli Stati Uniti sin dalla Dichiarazione d'Indipendenza. "Il denaro vi ha fatto piegare alle pressioni di Pechino", accusa il deputato Tom Lantos»[103].

Le aziende sono state convocate per un'udienza in Parlamento, ma hanno clamorosamente snobbato l'invito. Lantos[104] ha stigmatizzato il comportamento con parole dure: «Vi dovreste vergognare, perché con tutta la vostra influenza, il vostro potere e la vostra visibilità, non avete voluto intervenire in nessun modo per aiutare chi lotta per trasformare la Cina in un posto più umano... Questo comportamento ha causato molti incidenti e soprattutto molte polemiche internazionali»[105].

Il caso è stato denunciato, tra gli altri, dall'associazione *Reporters Sans Frontieres* che ha formulato accuse altrettanto

---

[103] T. Lombardi, *Washington attacca Google, Yahoo! e Microsoft*, «Punto Informatico», 03 febbraio 2006.

[104] [nota aggiunta] Tom Lantos (1928-2008), un sopravvissuto dell'olocausto, è stato uno dei politici americani più attivi nella difesa dei diritti umani. Nel 2008, dopo la sua morte, il Congressional Human Rights Caucus, da lui fondato nel 1983, è stato ribattezzato Tom Lantos Human Rights Commission. È passata alla storia una delle frasi da lui usate per richiamare le multinazionali della Silicon Valley alle proprie responsabilità etiche: «Se tecnologicamente siete dei giganti, moralmente siete dei pigmei». Cfr. Hamilton, J.B., Knouse, S.B. & Hill, V. *Google in China: A Manager-Friendly Heuristic Model for Resolving Cross-Cultural Ethical Conflicts*, «Journal of Business Ethics», 86, 2009, pp. 143–157.

[105] T. Lombardi, *Washington attacca Google, Yahoo! e Microsoft*, op. cit.

dure nei confronti di Yahoo! Shi Tao non sarebbe un caso isolato. La filiale cinese dell'azienda statunitense avrebbe iniziato a collaborare con il regime di Pechino nel 2003, fornendo nomi di dissidenti in cambio di quote cospicue dell'immenso mercato cinese. Oltre a Shi Tao, sempre grazie alle soffiate della divisione locale di Yahoo!, le autorità cinesi avrebbero catturato Li Zhi, utente del forum online Boxun, condannato a otto anni di reclusione per aver «tentato di sovvertire il sistema socialista». Racconta Tommaso Lombardi che Li Zhi «aveva usato Internet per denunciare pubblicamente la corruzione dilagante che ammorba molti tentacoli del Partito Comunista Cinese. Un passo troppo azzardato, ma fatto soprattutto con la gamba sbagliata: Li Zhi ha sempre inviato messaggi pubblici firmandosi con il proprio indirizzo email libertywg@yahoo.com.cn». Gli atti del processo mostrano che «nel 2003, Yahoo Hong Kong Ltd ha fornito alla polizia tutto il profilo personale dell'utente lizhi340100, in aggiunta ad alcuni allegati che includono dati sull'uso della sua casella di posta elettronica»[106].

Secondo i dati raccolti da RSF sarebbero ben ottantuno i giornalisti e i dissidenti finiti in carcere grazie alla delazione delle compagnie americane. Yahoo non ha negato la collaborazione, ma ha sostenuto di essere sempre stata all'oscuro delle ragioni per cui venivano richiesti i dati. Avrebbe insomma eseguito gli ordini pedissequamente, senza fare domande, né porsene. «L'unico modo per stare in Cina, così come in altri paesi, è andare incontro alle loro esigenze legali e non fare resistenza alle richieste del governo, altrimenti siamo costretti ad andarcene». Secondo RSF: «Si tratta di falsità, perché Yahoo sapeva benissimo che tutte quelle informazioni sarebbero state utilizzate per colpire dissidenti ed avversari politici»[107].

Dieci anni di reclusione per un'e-mail pare un'enormità. Ma questo tipo di enormità non nasce certo con Internet. Quando

---

[106] T. Lombardi, *Yahoo passa un altro nome al regime cinese*, «Punto Informatico», 10 febbraio 2006.

[107] *Ibidem.*

non esisteva nemmeno il telefono, si poteva finire in carcere o sul rogo per una parola, una delazione, un sospetto. È tuttavia vero che i dissidenti cinesi avevano riposto una fiducia nei gestori di Internet che è stata tradita. Qui è difficile non vedere un comportamento immorale da parte dei gestori di questa tecnologia. Ad ogni buon conto, il solo fatto che se ne parli in forum, conferenze, commissioni parlamentari, sulla stampa, in Internet stesso, invita a non perdere le speranze. Se l'utente è bene informato sui rischi e gli abusi, può evitare molti dei problemi sopra elencati. Nel caso abbia un'informazione estremamente riservata da trasmettere a qualcuno, può tornare a forme di comunicazione più arcaiche. La comunicazione telefonica o telegrafica della società industriale non è più sicura, sotto questo profilo, della comunicazione telematica della società postindustriale. La nascita di nuovi sistemi di comunicazione non comporta la scomparsa di quelli vecchi. Questo è un punto che non si dovrebbe mai dimenticare nelle valutazioni infoetiche. Quindi, quando si desidera la riservatezza e la privacy, non resta che tornare all'incontro nel mondo reale e alla comunicazione orale tipica del mondo preindustriale. Sempre che ci si fidi dell'interlocutore. Perché a violare l'etica non sono mai le macchine, ma gli uomini che le manovrano. Almeno, fino a quando le macchine non acquisteranno coscienza.

4. Atometica (2015)

4.1. Introduzione

Nel 1942, il sociologo americano Robert K. Merton pubblica un seminale articolo intitolato *Science and Technology in a Democratic Order*[108], ove codifica quelle che vengono oggi considerate le quattro norme classiche dell'ethos scientifico. La norma dell'*universalismo* favorisce l'obiettività, con la proibizione di guardare alle caratteristiche personali degli scienziati (razza, nazionalità, età, religione, sesso, preferenze sessuali, classe sociale, titoli di studio, stile di vita, ecc.) e l'obbligo di limitare il giudizio alla qualità delle loro scoperte[109]. La norma del *comunismo* assegna alla comunità e non allo scienziato la proprietà delle sue scoperte sostanziali, in quanto prodotto di collaborazione sociale estesa nel tempo e nello spazio[110]. La norma del *disinteresse* impone allo scienziato di essere intellettualmente onesto, di non commettere frodi, di

---

[108] R. K. Merton, *Teoria e struttura sociale. III. Sociologia della conoscenza e sociologia della scienza*, Il Mulino, Bologna 2000, pp. 1055-1073. Testo originale: Idem, *Science and Technology in a Democratic Order*, «Journal of Legal and Political Sociology», 1 (1942), pp. 115-126.

[109] «L'universalismo trova immediatamente espressione nel canone che ogni verità che pretende di essere tale deve essere, qualunque sia la sua fonte, soggetta a *criteri impersonali prestabiliti*, in accordo con l'osservazione e con la conoscenza precedentemente confermata. (...) La razza, la nazionalità, la religione, la classe e qualunque qualità dell'uomo di scienza sono, come tali, irrilevanti». *Ibidem*, p. 1060.

[110] «Il diritto dello scienziato alla "sua proprietà" intellettuale è limitato a quel riconoscimento e a quel prestigio che, se l'istituzione funziona con un minimo di efficienza, misurati dalla significatività dell'incremento portato al fondo comune di conoscenza». *Ibidem*, p. 1065.

cercare innanzitutto la verità per se stessa[111]. Infine, la norma dello *scetticismo organizzato* (o dubbio sistematico) chiede allo scienziato di sospendere il giudizio su qualsiasi affermazione, fino a che i fatti non sono stati provati sulla base di rigorosi criteri logici ed empirici[112].

La prospettiva mertoniana si fonda, dunque, sull'idea dell'universalità intrinseca della scienza. I retaggi culturali delle società umane possono essere molto diversi e, di conseguenza, le leggi politiche che ne recepiscono i valori possono variare di paese in paese. Al contrario, la struttura del mondo fisico è la stessa ovunque, nell'emisfero boreale come in quello australe, sicché le leggi della fisica, quand'anche sviluppate in istituzioni locali, tendono a convergere verso un risultato unitario e coerente.

Questo impianto di pensiero è stato successivamente contestato dalla sociologia della scienza post-mertoniana (o postmoderna), per la quale la scienza è "socialmente costruita" e, dunque, dipende anch'essa – in toto o in certa misura – dai retaggi culturali. Non intendiamo entrare qui nel dettaglio di questa controversia, in parte perché ne abbiamo parlato ampiamente in altre due opere[113] e in parte perché, in questo contesto, è tutto sommato secondaria. Aldilà di quello che è il livello di "realismo" che siamo disposti a riconoscere alle teorie oggi accettate dalla comunità scientifica, è un fatto che la fisica che si studia in Cina, a Cuba, in Iran o nella Corea del Nord è più o meno la stessa che si studia negli Stati Uniti, in Europa, in Australia o in Nuova Zelanda. Essa sembra, dunque, prescindere

---

[111] «Il disinteresse non deve confondersi con l'altruismo né l'azione interessata con l'egoismo. (…) L'esigenza del disinteresse ha un fondamento solido nel carattere pubblico e controllabile della scienza e possiamo supporre che questa circostanza abbia contribuito all'integrità degli uomini di scienza». *Ibidem*, pp. 1069-1070.

[112] «Il ricercatore scientifico non rispetta la distinzione fra sacro e profano, fra ciò che richiede rispetto acritico e ciò che può essere obiettivamente analizzato». *Ibidem*, p. 1073.

[113] R. Campa, *Epistemological Dimensions of Robert Merton's Sociology*, Toruń 2001; Idem, *Etica della scienza pura. Un percorso storico e critico*, Bergamo 2007.

dalle differenze politiche o culturali che caratterizzano questi paesi. In che misura questo dipende dallo status epistemologico della scienza o dalle dinamiche sociali della globalizzazione è un problema al quale nessuno può rispondere con certezza e la cui discussione ci allontanerebbe troppo dagli scopi di questo lavoro.

È, tuttavia, doveroso sottolineare che questo nuovo clima di pensiero ha influenzato anche l'immagine dell'ethos scientifico. Nel 1974, Ian Mitroff ha posto enfasi sull'ambivalenza del sistema normativo, sostenendo che la comunità scientifica, in realtà, funziona sulla base di un sistema di norme e contro-norme[114]. All'universalismo si oppone la norma del *particolarismo*, giacché accade (e non di rado) che alcuni ricercatori pubblichino di più solo perché famosi, o che alcune categorie sociali vengano effettivamente discriminate dalla comunità scientifica, o che le ricerche degli *outsider* vengano snobbate, o che alcuni validi studenti non vengano accolti nelle università perché non hanno le necessarie raccomandazioni di personaggi altolocati. Al comunismo si oppone la norma della *segretezza*, giacché i ricercatori tengono a lungo segrete le proprie ricerche, al fine di non dover dividere con altri la paternità delle scoperte, o per sfruttarle in solitudine sul piano commerciale una volta ottenuto il brevetto. Al disinteresse si oppone la norma dell'*interesse*, giacché il desiderio di fare carriera, di acquisire fama e guadagnare soldi influenza molte scelte degli scienziati, non meno della curiosità e della sete di verità. Allo scetticismo si oppone la norma del *dogmatismo*, giacché gli scienziati svolgono le proprie ricerche nell'ambito di un paradigma dominante di pensiero che difficilmente mettono in questione e, *de facto*, non hanno quella apertura mentale che affermano di avere, tanto che le rivoluzioni scientifiche avvengono quando una generazione di scienziati esce di scena e viene sostituita da una nuova generazione[115]. Gli scienziati

---

[114] I. Mitroff, *Norms and Counter-Norms in a Select Group of the Apollo Moon Scientists: A Case Study of the Ambivalence of Scientists*, "American Sociological Review", 39 (4), 1974, pp. 579–595.

[115] T. Kuhn, *La struttura delle rivoluzioni scientifiche*, Torino 1999 (1962).

godrebbero dunque di un'ampia discrezionalità di scelta e si richiamerebbero ai valori classici solo per giustificare a livello retorico alcune scelte o per criticare quelle di altri[116].

Col tempo, oltre ad essere state affiancate da specifiche contro-norme, le norme sono aumentate anche di numero. Nel 1984, per esempio, John Ziman aggiunge all'ethos scientifico la norma dell'*originalità*, ovvero l'imperativo etico di produrre ricerche inedite, di esplorare l'ignoto, di aggiungere nuove scoperte al corpo delle conoscenze acquisite[117].

L'ethos scientifico si applica in primis alla scienza teorica o pura, ma a ben vedere anche l'ingegneria ne condivide in certa misura i valori, se non altro perché ai nostri giorni la tecnologia è sempre più dipendente dalla scienza teorica e viceversa, al punto che è ormai in voga il termine "tecnoscienza" per indicare il complesso della ricerca. Non è un caso se, nel titolo originale del testo mertoniano, compaiono entrambi i termini: "science" e "technology". Tra l'altro, per esemplificare il disinteresse, Merton fa riferimento proprio alla tecnica: lo scienziato è costretto ad essere onesto, a non abusare della credulità popolare, a non essere ciarlatano, per via della controllabilità dei risultati scientifici, non solo da parte dei pari nelle istituzioni accademiche, ma anche da parte dei consumatori di tecnologia[118].

Il discorso vale anche per le altre norme. L'ingegneria beneficia dalla più ampia collaborazione tra ricercatori di diversi paesi, non meno della scienza teorica. Come ha rimarcato anche Florian Znaniecki, quella dell'inventore solitario «è una figura piuttosto debole e tragicomica», le cui «invenzioni sono viste come mere curiosità e di solito dimenticate dopo la sua morte»[119],

---

[116] L. J. Prelli, *The Rethorical Construction of Scientific Ethos*, in R. A. Harris (a cura di), *Landmark Essays on Rethoric of Science: Case Studies*, London 1997, pp. 87-104.

[117] J. Ziman, *An introduction to science studies: The philosophical and social aspects of science and technology*, Cambridge 1984.

[118] «È probabile che la reputazione della scienza e la sua salda posizione etica nella stima dei profani siano dovute in non piccola misura ai risultati tecnologici. Ogni nuova tecnica testimonia dell'integrità dello scienziato. La scienza realizza le sue promesse». R. Merton, *Teoria e struttura sociale,* op. cit., p. 1071-1072.

mentre alla base dell'impetuoso sviluppo tecnico contemporaneo «c'è uno 'stock' comune di conoscenza teoretica che riguarda un certo dominio della realtà che ogni singolo inventore deve mettere in comune per partecipare al crescente controllo tecnologico di questo dominio»[120].

Naturalmente, oltre alle norme etiche che presiedono alla ricerca scientifica, esistono problemi etici precipuamente legati all'*uso* delle invenzioni tecnologiche. Di questi problemi non si occupa l'ethos scientifico ricostruito dai sociologi, ma un ramo dell'etica normativa coltivato per lo più da filosofi e denominato "tecnoetica". Per dirla in parole semplici, l'ethos scientifico ci dice quali norme devono essere in funzione affinché una comunità scientifica possa fare scoperte significative e invenzioni efficaci, ma l'efficacia di un'invenzione non è l'unico criterio che adottiamo, quando si tratta di decidere se rendere accessibile al pubblico un prodotto tecnologico. Ci chiediamo anche se questa tecnologia sia un bene o un male, per gli individui che la usano o per la società nel suo complesso. Non tutte le tecnologie brevettate e funzionanti sono in vendita o accessibili al pubblico.

Si badi che la tecnoetica tende a respingere la prospettiva luddista, tipica di certo pensiero ecologista radicale, che stigmatizza l'intera tecnologia come un male intrinseco. Al contrario, il teologo Josè Maria Galvan, in un articolo intitolato *La tecnoetica*, riconosce la tecnologia come «elemento centrale del raggiungimento del perfezionamento finalistico dell'uomo» e afferma, così, il concetto di «positività antropologica della tecnica»[121]. Tuttavia, è innegabile che alcune tecnologie possono diventare fonte di mali estrinseci, per via dell'uso immediato che ne viene fatto o dei rischi a lungo termine che convogliano.

---

[119] F. Znaniecki, *The Social Role of the Man of Knowledge*, New Brunswick 1986, pp. 59-60.

[120] *Ibidem*, p. 61.

[121] J. M. Galvan, "La tecnoetica", <pusc.it>, Firenze, 21 giugno 2003. Il teologo ha espresso questi concetti anche al "Italy-Japan 2001 Workshop: Humanoids – A Techno-Ontological Approach", Waseda University, Tokyo 21 Novembre 2001, dove è intervenuto con la relazione: *Techno-ethics: Acceptability and Social Integration of Artificial Creatures*.

In particolare, ha attirato questo tipo di accusa l'ingegneria nucleare, sia per le applicazioni militari sia per quelle in campo civile. Lo stesso Merton, che codificava l'ethos scientifico nel 1942 e non poteva quindi porsi la questione dell'olocausto nucleare, quando ripubblica l'articolo in *Social Theory and Social Structure*, nel dopoguerra, aggiunge una nota piuttosto significativa: «Da quando ciò è stato scritto, nel 1942, l'esplosione di Hiroshima ha indotto un numero molto maggiore di scienziati ad una certa consapevolezza delle conseguenze sociali del loro lavoro»[122].

Se, nel clima positivistico dell'Ottocento, gli scienziati naturali erano generalmente visti come salvatori del mondo, nel clima postmoderno del Novecento, dopo due guerre mondiali e una lunga guerra fredda imperniata sull'equilibrio del terrore nucleare, iniziano a essere visti come un potenziale pericolo per il mondo.

4.2. La dimensione internazionale della fisica nucleare

Non c'è, oggi, e forse non c'è mai stato, un settore della ricerca scientifica privo di un respiro globale. Tutte le discipline scientifiche si sono sempre giovate di contatti e collaborazioni tra studiosi di diverse nazioni, di simposi internazionali, di programmi di scambio, di pubblicazioni distribuite a livello mondiale, di una lingua franca per la comunione delle idee (a grandi linee: il greco nell'Antichità, il latino nel Medioevo, l'inglese nella nostra era).

Le relazioni tra scienziati di diversi paesi si intensificano decisamente nell'era contemporanea, ma il fenomeno in sé non è un *novum* nella storia. La ricerca scientifica aveva una dimensione internazionale già nell'Antichità. Ad Alessandria d'Egitto, nel IV secolo A. C., quando la città era governata dai Tolomei e la scienza muoveva i primi passi, studiosi di tre continenti svolgevano le proprie ricerche nel Museo, mentre nella Biblioteca alessandrina venivano raccolti e catalogati libri

---

[122] R. Merton, *Teoria e struttura* sociale, op. cit., p. 1056.

provenienti da ogni angolo del mondo[123]. Anche nel Medioevo e nel Rinascimento, gli studiosi che peregrinavano di città in città e di paese in paese – per svolgere i propri studi, diffondere i propri insegnamenti, avviare collaborazioni – rappresentano la regola più che l'eccezione. Sant'Agostino, Sant'Anselmo, Niccolò Copernico, Erasmo da Rotterdam, Nicola Cusano, Giordano Bruno, Tommaso Campanella, per citarne solo alcuni, sono tutti esemplari di "migranti del sapere". Agli albori dell'Età Moderna, Gottfried Wihelm Leibniz pose addirittura in atto uno sforzo per istituzionalizzare l'universalismo accademico, vagheggiando «una riforma generale del sapere, la fondazione di una scienza universale enciclopedica da costruirsi attraverso la collaborazione organizzata di tutte le migliori menti europee»[124]. Per realizzare questo progetto, lo studioso tedesco dovette farsi ambasciatore della scienza, impegnandosi «in un'intensa attività diplomatica che lo condusse da una capitale all'altra e lo spinse a fondare numerosi cenacoli culturali e accademie scientifiche»[125].

Se è vero che la scienza, in senso lato, ha un carattere intrinsecamente relazionale, universale, internazionale, è anche vero che non tutte le branche del sapere godono di un medesimo livello di universalità. Per fare un esempio, non tutti gli studi filologici hanno la stessa rete internazionale di ricerca e insegnamento. Alcune lingue e culture sono studiate più di altre. E, in generale, le scienze idiografiche possono suscitare un grande interesse concentrato localmente (si pensi alle storie nazionali o regionali), mentre le scienze nomotetiche, anche quando producono risultati di interesse non generale, tendono ad avere un impatto diffuso a livello globale (si pensi allo studio di una malattia rara). Per intenderci, un articolo sulla storia d'Italia scritto in italiano può avere più lettori di un articolo sulla sindrome di Russell-Silver scritto in inglese, ma in linea di

---

[123] L. Russo, *La rivoluzione dimenticata. Il pensiero scientifico greco e la scienza moderna*, Milano 2006.

[124] Ubaldo Nicola (a cura di), *Antologia di filosofia. Atlante illustrato del pensiero*, Colognola ai Colli 2000, p. 257.

[125] *Ibidem*.

massima i primi saranno concentrati localmente, mentre i secondi saranno diffusi a livello globale.

L'ingegneria nucleare è un caso emblematico di disciplina a carattere globale. La sua stessa nascita è stata deliberatamente concepita sulla base di un progetto di collaborazione internazionale: il *Progetto Manhattan.* Questa branca dell'ingegneria decolla, infatti, nel momento in cui i più grandi esperti della materia, provenienti da diversi paesi, vengono concentrati in un unico luogo del pianeta e viene assegnato loro il compito di costruire la bomba atomica.

Un analogo carattere, spiccatamente internazionale, assume anche *la resistenza* alla diffusione delle tecnologie nucleari, in campo militare e civile, ossia l'opposizione ai supposti mali estrinseci che questa tecnica genera. Personalità del mondo della cultura, organizzazioni non governative e alcuni governi si muovono da subito, a tutto campo, per evitare la proliferazione dei più potenti strumenti di distruzione di massa ideati dall'uomo, o per contrastare la costruzione di centrali nucleari, considerate altrettanto pericolose. I problemi etici sollevati sono di natura globale, perché riguardano il destino dell'intera umanità e di tutte le forme di vita del nostro pianeta. Si possono avere opinioni diverse in merito al nucleare, ma nessuno può disinteressarsi in buona coscienza di questo problema, soltanto perché non si presenta a livello locale. Dopo Hiroshima e Nagasaki, Chernobyl e Fukushima, tutti sappiamo che le radiazioni prodotte dagli ordigni nucleari o dalle scorie di lavorazione non conoscono confini spaziali e temporali.

4.3. Le armi nucleari

La comparsa dell'energia nucleare segna un cambiamento epocale, per i suoi effetti sulla vita politica e quotidiana, tanto che la nostra è stata da alcuni definita "era atomica". Il celebre storico americano Gerald Holton individua l'inizio simbolico di questa era nell'esperimento effettuato da Enrico Fermi e dai suoi collaboratori nel laboratorio di via Panisperna, a Roma, nel 1934[126].

Per altri studiosi, il momento topico è invece un altro, legato proprio alla realizzazione dell'arma atomica. Il protagonista resta, comunque, sempre Fermi. Il 2 dicembre 1942, un messaggio in codice raggiunge il presidente americano Franklin Delano Roosevelt: «Jim, ti interesserà sapere che il navigatore italiano è appena sbarcato nel nuovo mondo». Il messaggio «comunica al presidente Roosevelt la riuscita dell'esperimento che viene considerato l'inizio dell'era atomica»[127].

Quello del 1942 è un esperimento cruciale. Per la prima volta viene realizzato un sistema che provoca una reazione nucleare a catena – passo essenziale per la realizzazione della letale arma. Esso conferma dunque il potenziale distruttivo dell'energia atomica e, così, innesca le inevitabili riflessioni etiche sull'utilizzo di questa tecnica. Come sempre più spesso accade nella scienza moderna, diventa estremamente sfumato il confine tra scienza pura e scienza applicata, tra scienza e tecnologia. L'esperimento serve da un lato a dimostrare un'ipotesi teorica dedotta da Fermi a partire dalle teorie fisiche preesistenti, ma d'altro canto indica chiaramente le possibili applicazioni tecniche a cui detta ipotesi teorica, se confermata, conduce. Il sistema creato in laboratorio è, allo stesso tempo, un esperimento e un prototipo. Gli scienziati sono impegnati in una forma di osservazione, ma anche di progettazione e costruzione. Il sistema è non dissimile concettualmente dai piani inclinati o da altri strumenti sperimentali che Galileo costruiva per "diffalcare" la natura, ossia per osservare fenomeni semplificati che in natura non si verificano – strumenti che, opportunamente perfezionati, potevano uscire dai laboratori e trovare posto in botteghe artigianali e manifatture.

Perciò, non stupisce che i dubbi etici inerenti questa scoperta-invenzione nascano immediatamente. Da un lato, c'è l'entusiasmo per avere *scoperto* qualcosa di straordinario,

---

[126] G. Holton, *Striking Gold in Science: Fermi's Group and the Recapture of Italy's Place in Physics*, «Minerva», Volume 12, Issue 2, April 1974, pp. 159-198.

[127] L. Bonolis, *Così la fisica andò alla guerra*, «Galileo. Giornale di scienza e problemi globali», 1 luglio 2005.

dall'altro c'è l'inquietudine per avere *creato* un oggetto davvero pericoloso. Così Luisa Bonolis narra l'evento, sottolineando la reazione ambivalente del team di Chicago:

> Alle 2 e 20, esattamente come previsto, appena estratta completamente l'ultima barra di cadmio la pila diviene critica e ha luogo la prima reazione a catena autosostenuta nella storia dell'umanità. Dopo l'arresto della reazione il fisico ungherese Eugene Wigner, aveva tirato fuori un fiasco di Chianti che teneva in serbo da alcuni mesi in previsione dell'evento. Leo Szilard, che tanto aveva fatto per spingere verso l'utilizzazione dell'energia nucleare, stringendo la mano a Fermi aveva sussurrato: «Questo è un giorno infausto nella storia»[128].

Un successo infausto: questo ossimoro esprime tutta l'ambivalenza etica della ricerca nucleare. Dal canto suo, in *Experimental Production of a divergent Chain Reaction*, ovvero il suo rendiconto mensile di dicembre, Fermi annota laconicamente quanto segue: «La costruzione del sistema che utilizza la reazione a catena è stata portata a termine il 2 dicembre e da quel momento funziona in maniera soddisfacente»[129].

Dopo il successo dell'esperimento di Chicago, gli scienziati protagonisti dell'impresa vengono chiamati dal fisico tedesco Hans Bethe a Los Alamos, per procedere alla costruzione della bomba atomica. Sono diversi i motivi che li spingono a impegnarsi nell'impresa. C'è chi è guidato dal sogno di poter finalmente penetrare nei segreti della materia e dell'energia. Chi è spinto dal desiderio di dotare le democrazie di un'arma potentissima, prima che ne entrino in possesso i regimi fascisti o comunisti. Chi è motivato dalla prospettiva del guadagno che i brevetti avrebbero procurato. Chi, infine, è semplicemente stimolato dall'opportunità di avere un incarico importante e gratificante, dopo avere perso il proprio lavoro a causa della guerra o delle persecuzioni razziali in Europa. Tuttavia, quale che fosse la motivazione, risultava a tutti piuttosto chiaro che si

---

128 *Ibidem.*
129 *Ibidem.*

trattava di una scoperta che aveva implicazioni morali molto più gravi di altre ricerche scientifiche. Le testimonianze non mancano. Il fisico veneziano Bruno Rossi confessa tutti i suoi dubbi con queste parole:

> Rifuggivo dall'idea di partecipare allo sviluppo di un ordigno così spaventoso, come sarebbe stata la bomba atomica. D'altra parte ero terribilmente preoccupato, così come molti altri, dal pericolo che in Germania, dove era stata scoperta la fissione, si fosse vicini a realizzare la bomba. Essendomi rassegnato al fatto che né accettando né rifiutando la richiesta di Los Alamos potevo sottrarmi a una pesante responsabilità, vidi che la scelta non poteva essere basata che sulla necessità di combattere l'immediato pericolo[130].

Successivamente, i dubbi diverranno ancora più acuti. Negli anni Ottanta, in piena corsa agli armamenti nucleari, Rossi manifesterà la sua netta opposizione alla costruzione dello scudo spaziale voluto da Ronald Reagan.

Lo stesso concetto viene ribadito da Victor Weisskopf: «Molti fisici vennero tirati dentro questo lavoro, più dal fato e dal destino che dall'entusiasmo. Una minaccia pendeva su di noi, la spaventosa possibilità di trovare quest'arma nuova e incredibilmente potente nelle mani delle potenze del male»[131].

Tuttavia, è significativo il fatto che Weisskopf riconosce anche il ruolo imperioso della volontà di sapienza che, nel caso specifico, si fonde ormai con la volontà di potenza. Aggiunge, infatti, che gli scienziati furono «anche attratti dalla sfida del confronto coi fenomeni nucleari su larga scala e dalla possibilità di domare un processo che apparteneva al cosmo»[132]. Il vincitore del Nobel per la fisica nel 1965, Richard Feynman, confessa invece di avere "dimenticato" il motivo psicologico per cui si trovava a partecipare a quell'impresa. Era stato chiamato e faceva il suo dovere.

---

[130] *Ibidem.*
[131] *Ibidem.*
[132] *Ibidem.*

L'ambivalenza caratterizza la reazione emotiva di quasi tutti i protagonisti. Emblematico è il caso di Robert Oppenheimer. Da un lato, pronuncia la frase storica: «I fisici hanno conosciuto il peccato». Dall'altro, il giorno della distruzione di Hiroshima, gongola. Lo racconta il suo collaboratore, Samuel Cohen. Di solito era uso entrare da una porta laterale, ma quel giorno è protagonista di un'entrata trionfale, come Napoleone al ritorno da una grande vittoria. Tra l'altro, si rammarica pubblicamente di non essere riuscito a sganciare la bomba anche in Europa, a causa della fine del conflitto con la Germania. E, mentre pronuncia questo discorso, tutti – ad eccezione di un paio di persone – si alzano in piedi, applaudono e battono i piedi. C'è una grande euforia. Ben pochi pensano che sono stati uccisi, in pochi minuti, centomila civili innocenti.

Gli scrupoli, però, erano emersi in precedenza. Szilard e altri ricercatori, in un memorandum stilato nel marzo del 1945, avevano messo nero su bianco che l'uso della bomba sarebbe stato un grave errore. Il documento di Szilard incontra molte resistenze. A Los Alamos non viene fatto circolare. Il 12 aprile dello stesso anno, dopo la morte di Roosevelt, Szilard tenta invano di farsi ricevere dal nuovo presidente Harry Truman, per convincerlo a desistere dall'idea del lancio. Nello stesso periodo, anche Emilio Segrè inizia a essere meno sicuro del carattere morale dell'iniziativa: «Hitler era la personificazione del male e la giustificazione primaria della costruzione della bomba atomica. Ora che non poteva più essere usata contro di lui, nascevano dubbi»[133].

Nonostante le difficoltà, l'opposizione interna non desiste. L'11 giugno 1945, J. Franck, D. J. Hughes, J. J. Nickson, E. Rabinowitch, G. T. Seaborg, J. C. Stearns e L. Szilard stilano il cosiddetto "Rapporto Franck", da consegnare a Truman. Gli estensori sconsigliano l'uso di bombe contro il Giappone e suggeriscono una dimostrazione incruenta della nuova arma. L'idea è di farla esplodere in un'isola disabitata, davanti a rappresentanti delle Nazioni Unite. Qualcuno obietta che un'azione meramente dimostrativa non convincerebbe i

---

[133] *Ibidem.*

giapponesi ad arrendersi. Successivamente, viene discussa anche l'ipotesi di far esplodere la bomba nella baia di Tokyo, avvertendo i giapponesi. La contro-argomentazione è che un fallimento dell'iniziativa sortirebbe effetti ancora più controproducenti.

Alla fine, un comitato scientifico composto da Compton, Lawrence, Oppenheimer e Fermi, dopo interminabili discussioni, elabora un nuovo comunicato che, pur riconoscendo la presenza di un dissenso interno alla comunità scientifica, esprime parere favorevole all'uso bellico dell'ordigno. Così recita il documento:

> Coloro i quali sono a favore di una dimostrazione vorrebbero mettere fuori legge l'uso delle armi atomiche e temono che se le usassimo ora, la nostra posizione nei negoziati futuri sarebbe pregiudicata. Altri sottolineano l'opportunità di salvare vite americane tramite un uso immediato, e ritengono che ciò migliorerà le prospettive internazionali: la loro preoccupazione principale è la prevenzione della guerra piuttosto che l'eliminazione di quest'arma specifica. Ci troviamo più vicini a quest'ultimo parere; non siamo in grado di proporre una dimostrazione tecnica che abbia probabilità di mettere fine alla guerra e non vediamo un'alternativa accettabile a un uso militare diretto... Relativamente all'uso dell'energia atomica è chiaro che, come scienziati, non abbiamo alcun diritto di proprietà. È vero che, come scienziati, abbiamo avuto l'occasione di lavorare su questi problemi negli anni passati. Tuttavia, non abbiamo la pretesa di avere competenza speciale nella risoluzione dei problemi politici, sociali e militari che l'avvento dell'energia atomica porta con sé[134].

Il lettore attento avrà notato che c'è molto di più, in questo comunicato, di una valutazione dei pro e dei contro nell'uso della bomba. Posta in questo modo la questione sembra piuttosto triviale: è più etico non usare la bomba e quindi sacrificare altri cittadini di una nazione aggredita o è più etico usare la bomba e sacrificare altri cittadini di una nazione che ha dato inizio alla

---

[134] *Ibidem.*

guerra? Quand'anche si consideri il fatto che i civili giapponesi sono innocenti, in quanto anch'essi costretti a entrare in guerra contro la loro volontà, la domanda riformulata non lascia comunque scampo: è più etico sacrificare i *nostri* o i *loro*? Sicuramente, dal punto di vista della presidenza USA è più *conveniente* sul piano politico salvare i propri concittadini ed elettori, piuttosto che i concittadini del nemico.

È più conveniente anche per il cittadino americano medio, un qualsiasi John Smith, vestito con la divisa dei marines e costretto a rischiare la vita nelle isole del Pacifico, contro la sua volontà. Non è invece né etico né conveniente per gli abitanti di Hiroshima e Nagasaki. Il dilemma non lascia molte vie d'uscita: se, facendo leva sull'empatia, proviamo a calarci nella situazione del soldato di leva americano o del civile giapponese, capiamo che – a seconda delle prospettive – è insieme giusto e ingiusto usare la bomba. Qualcuno deve morire e per questo qualcuno la morte è comunque la fine del mondo. Ma, dicevamo, nel documento c'è ben più di questo drammatico dilemma, difficilmente risolvibile con una "sentenza" valida *erga omnes*.

Compton, Lawrence, Oppenheimer e Fermi, per chiarire la propria posizione, richiamano nel comunicato la loro adesione alle norme classiche dell'ethos scientifico: 1) non abbiamo interessi economici relativi agli usi civili e militari del nucleare, tanto che abbiamo ceduto i diritti di proprietà e di sfruttamento delle nostre scoperte e invenzioni al governo degli Stati Uniti (disinteresse, comunismo epistemico); 2) in quanto scienziati naturali non abbiamo competenze in materia di decisioni etiche e politiche (dubbio sistematico). Da queste premesse, segue una conclusione che attiene invece al campo della tecnoetica: 3) non abbiamo responsabilità riguardo all'uso o al non uso della bomba, non possiamo decidere noi, possiamo solo esprimere un parere.

Se non ha forza giuridica, il parere degli scienziati ha comunque un peso morale non indifferente di fronte all'opinione pubblica: chi ha creato la bomba ne approva l'uso non dimostrativo. Si badi, inoltre, che l'adesione alla norma del comunismo non è incondizionata. Gli estensori del documento tengono a *ricordare* che come scienziati «hanno avuto l'occasione di lavorare su questi problemi negli anni passati». Vedremo che, successivamente, Fermi e gli altri scienziati italiani cercheranno di ottenere un compenso per lo sfruttamento civile e commerciale delle scoperte fatte in precedenza. Quella frase nel documento fa ipotizzare che stessero già pensando al futuro negoziato con il governo americano. In pratica si dice: non siamo proprietari della scoperta, ma attenzione perché qualcosa ci è dovuto per quanto fatto prima.

Possiamo dunque interpretare il documento come una proposta di baratto: un benestare all'uso della bomba, in cambio di una ricompensa? L'ipotesi potrebbe anche reggere sul piano logico, ma sarebbe ingiusta. In mancanza di prove relative all'esistenza di questo retropensiero, è più corretto ipotizzare la buona fede degli scienziati, ovvero che fossero davvero convinti che la semplice dimostrazione non avrebbe funzionato. Tra l'altro, il governo americano farà poi di tutto per non dare alcuna ricompensa agli scienziati che gli hanno fatto vincere la guerra. Le vicissitudini legate ai diritti di proprietà delle scoperte sono interessanti, perché ci consentono di discutere la validità e attualità dell'ethos scientifico classico in una società industriale o post-industriale. Le ricostruiremo tra breve, dopo avere ricomposto il quadro del dibattito tecnoetico sull'uso dell'ordigno.

Per arrivare a una valutazione, dobbiamo mettere sul piatto della bilancia altri argomenti. La bomba atomica ha *de facto* posto fine alla guerra con il Giappone. A posteriori, questo sembra dare ragione alla valutazione di Fermi, Compton, Lawrence e Oppenheimer. Il suo impiego è risultato molto più scioccante per il governo giapponese delle bombe incendiarie, nonostante gli effetti di queste ultime fossero altrettanto devastanti. Comunque, ulteriori incursioni con bombe incendiarie avrebbero provocato più vittime di quelle provocate dalle bombe A. Il quadro, però, cambia se ammettiamo che fosse possibile salvare capra e cavoli, per esempio con una convincente azione dimostrativa. Su questo insistono Szilard e gli altri scienziati in disaccordo. Tanto più che si disponeva di due bombe e, dunque, si poteva fare esplodere la prima a scopo dimostrativo, e tenere in serbo la seconda nel caso la dimostrazione non avesse indotto l'Impero del Sol Levante alla resa. Insomma, ammesso che gli scienziati favorevoli al lancio avessero ragione, un interrogativo inquietante resta sul tappeto: perché due massacri e non uno?

Il 3 luglio 1945, una copia della prima versione della petizione di Szilard è inviata a Oak Ridge e a Los Alamos. Così Bonolis ricostruisce l'evento: «La lettera di accompagnamento discuteva la necessità che gli scienziati prendessero posizione da un punto di vista morale sull'uso della bomba. I tedeschi che avevano mancato di protestare per le azioni immorali dei nazisti, sottolineava Szilard, erano stati ampiamente condannati per il loro silenzio. Se gli scienziati del Progetto Manhattan non avessero rese esplicite le loro opinioni, sarebbero stati molto meno scusabili della popolazione tedesca»[135].

La prima versione della lettera identifica senza mezzi termini le implicazioni morali dell'utilizzo della bomba, definendo quest'ultima «un mezzo per l'annientamento spietato di città». Gli scienziati spiegano che, una volta introdotte come strumento di guerra, sarebbe difficile resistere a lungo alla tentazione di utilizzarle[136]. Soltanto due settimane più tardi, il 16 luglio, avviene la prima esplosione nucleare della storia. Nel deserto del Nuovo Messico, alle 5.30 del mattino, viene fatta esplodere una sfera di plutonio di 6 chilogrammi il cui potere equivale circa a 20.000 tonnellate di tritolo. Il giorno successivo i sessantanove scienziati del Chicago Metallurgical Lab scrivono una petizione al presidente degli Stati Uniti: «La liberazione dell'energia atomica che è stata ora realizzata mette le bombe atomiche nelle mani dell'esercito. Mette nelle sue mani, come comandante in capo, la fatale decisione di sanzionare o no l'uso di tali bombe nell'attuale fase della guerra contro il Giappone

---

[135] *Ibidem.*

[136] «Gli ultimi anni mostrano una tendenza crescente verso la crudeltà. Attualmente le nostre forze aeree, che colpiscono le città giapponesi, usano gli stessi metodi di guerra che la pubblica opinione americana ha condannato soltanto pochi anni fa quando erano i tedeschi ad attuarli contro le città inglesi». *Ibidem.*

[...]. Tale passo, tuttavia, non dovrebbe essere fatto senza prima considerare le responsabilità morali connesse»[137].

Le responsabilità sono grandi, perché l'uso della bomba diventa un precedente. I firmatari sostengono che in futuro gli USA non saranno più credibili quando intimeranno ad altri di non costruire o usare la bomba, se ne faranno uso per primi. Inoltre, ora, in quanto paese aggredito, gli USA hanno la benevolenza del mondo, ma se utilizzeranno l'arma atomica si indebolirà la «posizione morale agli occhi del mondo e ai nostri stessi occhi». La richiesta agli Stati Uniti è di non ricorrere all'uso delle bombe atomiche in questa guerra, a meno che i termini imposti al Giappone non siano resi di pubblico dominio, nel dettaglio, e a meno che il Sol Levante, nel conoscerli, si rifiuti di arrendersi.

Il documento viene ignorato. Il 6 agosto 1945, il bombardiere Enola Gay sgancia l'ordigno atomico "Little Boy" sulla città di Hiroshima[138]. Tre giorni dopo è la volta di Nagasaki.

4.4. Il falco e la colomba

L'ingegneria nucleare produce anche una notevole "polarizzazione etica", analoga a quella che si osserva in bioetica. Abbiamo visto che l'atteggiamento etico prevalente tra gli scienziati impegnati nelle ricerche sul nucleare è quello dell'ambivalenza, del dubbio, della posizione favorevole o contraria, ma comunque condita da molti se e molti ma. Ci sono

---

[137] *Ibidem.*

[138] Così, lo storico Ferdinando Cordova narra il tragico evento: «Il 6 agosto del 1945 si annunciava, in Giappone, come una calda giornata estiva. Alle 8,45 tre bombardieri americani comparvero nel cielo di Hiroshima, per quella che sembrava una normale azione di guerra. Da tempo, ormai, gli aeroplani alleati colpivano le città del sol levante e la loro improvvisa presenza non suscitò un particolare allarme. Uno di essi, invece, l'Enola Gay, lanciò la prima bomba atomica della storia. Fu un atto terrificante: le case vennero rase al suolo per un raggio di due chilometri dall'epicentro dell'esplosione, si ebbero 80.000 morti, 38.000 feriti e 13.000 dispersi. I sopravvissuti morirono, in seguito, per effetto delle lesioni interne». F. Cordova, *Il mondo dopo Hiroshima*, «Galileo. Giornale di scienza e problemi globali», 1 luglio 2005.

però due scienziati che sembrano avere idee piuttosto chiare, anche se diametralmente opposte. Ai due estremi dello spettro etico troviamo Samuel Cohen, il falco, che non rinnega nulla di quanto fatto, e Joseph Rotblat, la colomba, che si tira indietro quasi subito e spende il resto della sua vita a lottare contro la diffusione degli ordigni nucleari.

Fisico nucleare polacco, Rotblat non vincerà il Nobel per la fisica – al contrario di altri protagonisti del Progetto Manhattan – ma a parziale (o totale) compensazione otterrà il Nobel per la pace, nel 1995. Curiosa la circostanza che Cohen e Rotblat sono entrambi di origine ebraica. Ciò dimostra che il retroterra etnico-religioso non gioca necessariamente un ruolo nella determinazione delle prospettive etiche.

L'idea di poter scoprire i segreti del cosmo e di ottenere un potere quasi divino – il potere di controllare con la mente una forza capace di sollevare montagne o distruggere mondi – è presente nella psicologia di molti protagonisti di questo evento storico, anche se questo traspare più dai comportamenti che da pubbliche ammissioni. Chi non ha problemi in tal senso è Cohen, il quale ammette che il giorno di Hiroshima, la sua reazione fu di totale euforia, aggiungendo che non aveva alcuno scrupolo di coscienza e che non lavorò alla bomba atomica per il timore che potessero acquisirla per primi i nazisti, ma perché era «assolutamente eccitante». Lo eccita l'idea di fare qualcosa di assolutamente nuovo, qualcosa che non è mai stato tentato prima, che non è ancora riuscito a nessuno. Quella di Cohen è la motivazione psicologica che sta alla base della norma dell'originalità. Gli sta bene anche l'etichetta di falco: «Scrivere che sono un falco è giusto: mi piace che il mio paese vinca le guerre»[139].

In effetti, dopo avere dato il proprio contributo alla costruzione dell'atomica, Cohen collabora anche alla progettazione e sperimentazione della bomba H, detta anche "superbomba". La bomba all'idrogeno (o bomba termonucleare) sfrutta un meccanismo di fissione-fusione-fissione, in cui la

---

[139] S. Maurizi, *Una bomba, tre destini*, «Galileo. Giornale di scienza e problemi globali», 1 luglio 2005.

tradizionale atomica funge soltanto da innesco e, pertanto, non conosce limitazione teorica di potenza. Se in occasione dell'atomica il problema era anticipare i tedeschi, in occasione della bomba H il problema è competere con i russi. Gli Stati Uniti riescono ancora una volta ad arrivare primi, sperimentando la prima bomba H nel novembre del 1952. Tuttavia l'Unione Sovietica segue a ruota, sperimentando il suo primo ordigno – concepito da un team in cui lavorava anche Andrej Sakharov – soltanto nove mesi più tardi, nell'agosto 1953. Inoltre, la sfida resta aperta sul piano della potenza. Nel 1961, infatti, l'URSS sorprende l'Occidente facendo esplodere la più grossa bomba termonucleare mai realizzata (la bomba Zar) che libera energia pari a cinquantasette megatoni. Il mondo assiste, così, all'esplosione di una bomba quattromila volte più potente di quella lanciata su Hiroshima.

Cohen, però, si spinge ancora oltre, inventando la bomba N, o bomba al neutrone – un ordigno nucleare che affida il suo potenziale distruttivo non a effetti termici o meccanici, come la bomba A o la bomba H, bensì a un enorme flusso di neutroni. La peculiarità di questa arma è che può avere un impiego tattico, giacché uccide gli esseri viventi ma non distrugge gli oggetti. L'ordigno esplode causando i tipici effetti termici e meccanici delle esplosioni in un raggio molto ristretto, quindi rilascia fasci di neutroni in un raggio molto più esteso. Essendo privi di carica elettrica, i neutroni riescono ad attraversare la materia con grande facilità. Alla materia inanimata non causano danni, mentre provocano mutazioni e rotture del DNA negli esseri viventi, con effetti letali. Oltre alla vita organica, subiscono danni anche i circuiti elettronici dei processori.

Si tratta, quindi, di un'arma micidiale e insuperabile in caso di attacco a mezzi corazzati concentrati in un'area ristretta, a soldati protetti da bunker e fortificazioni, anche sotterranee, oppure a una città con strutture e infrastrutture di importanza strategica. Perciò, Cohen ritiene che si tratti di un'*arma etica*. Consente di risparmiare le vite dei propri soldati, che in condizioni di guerra convenzionale sarebbero costretti a combattere in una situazione estremamente pericolosa e stressante contro mezzi corazzati, oppure casa per casa. Inoltre, è una bomba che, a differenza delle bombe A e H, non distrugge edifici, infrastrutture e fabbriche, e quindi non causa problemi alla popolazione civile superstite al termine del conflitto. Come si può notare, con questo tipo di valutazione, passiamo dall'ambito dell'ethos scientifico a quello della tecnoetica, ovvero dai valori posti a monte della scoperta-invenzione a quelli posti a valle, relativi al suo uso pratico.

Naturalmente, non tutti sono d'accordo con la valutazione "etica" di Cohen. Nel caso in questione, l'immagine dello scienziato che studia un problema in cerca della verità e del politico che utilizza la scoperta per fini immorali non corrisponde esattamente alla realtà di fatto. Lo scienziato Cohen e gli ambienti militari fanno pressione affinché la micidiale arma venga finanziata e prodotta, mentre sono proprio i politici a fare resistenza, ritenendo di interpretare la contrarietà dell'opinione pubblica. In altre parole, i dubbi etici li hanno i presidenti degli Stati Uniti, non i progettisti. La nuova arma assomiglia troppo negli effetti alle armi chimiche della prima guerra mondiale – le quali, appunto, uccidevano gli esseri viventi senza distruggere gli oggetti fisici e furono vietate dal Protocollo di Ginevra, rispettato sui campi di battaglia persino dai nazisti, nella Seconda guerra mondiale. Quest'arma, oltretutto, provoca mutazioni del codice genetico che potrebbero a loro volta generare effetti collaterali imprevisti e indesiderati: per esempio, mutazioni di virus o batteri in specie più pericolose.

Cohen sviluppa il progetto nel 1958. All'inizio il presidente John Fitzgerald Kennedy si oppone, ma nel 1962 vengono autorizzati i primi test dell'arma, poi eseguiti in un poligono del Nevada. Le vittime degli esperimenti sono animali. Suscita polemiche in particolare il sacrificio di scimmie della specie Macaco Rhesus[140]. L'effetto dei neutroni era già stato studiato in precedenza su topi gravidi, per osservare le conseguenze sulla prole[141]. Il presidente Jimmy Carter cancella il progetto nel

---

[140] A. N. Rowan, *Of Mice, Models & Men. A Critical Evaluation of Animal Research,* New York 1984, p. 116.

[141] K. Rader, *Making Mice. Standardizing Aninals for American Biomedical Research 1900-1955,* Princeton 2004, p. 240.

1978, ma è infine Ronald Reagan, nel 1981, a stanziare nuovi fondi per questa ricerca che porta alla realizzazione e produzione in serie dell'ordigno. Fino ad ora – per quanto ne sappiamo – non è mai stato utilizzato sui campi di battaglia.

Venendo a una valutazione generale del "caso Cohen", ci pare opportuno porre il problema in termini antropologici e non solo biografici. In questa prospettiva, posto che l'atteggiamento cinico di Cohen a qualcuno possa piacere e a qualcun altro no, viene piuttosto spontaneo sottolineare una certa ipocrisia di fondo nelle scelte dei governi. Non si capisce in che senso sia più etica un'arma nucleare strategica che ha effetti termici e meccanici in grado di devastare completamente l'ambiente nel raggio di decine o centinaia di chilometri, rispetto a un'arma nucleare tattica che uccide gli esseri viventi nel raggio di un chilometro e trecento metri senza devastare l'ambiente. A nostro avviso, o si considera immorale l'uso di tutte le armi atomiche o di nessuna. E non bisogna scordare che le bombe incendiarie hanno ucciso più civili giapponesi e tedeschi che non le armi atomiche. Anche in questo caso, non è chiaro in che senso il napalm – utilizzato in larga scala in Vietnam e in modo più circoscritto Iraq – sia più etico del nucleare. Se, come crediamo, bruciare i bambini con il napalm è altrettanto spiacevole che colpirli con armi nucleari, chimiche o batteriologiche, o ucciderli con una tecnologia primitiva come il machete (come nella guerra tra Tutsi e Hutu), forse dovremmo interrogarci prima di tutto sugli istinti umani più profondi che sui mezzi tecnici attraverso i quali essi si esprimono.

All'estremo opposto del falco Cohen, dicevamo, c'è la colomba Rotblat, l'unico scienziato a ritirarsi dal progetto Manhattan a causa di dubbi morali. Quando fu chiaro che la Germania non sarebbe stata in grado di costruire ordigni nucleari, Rotblat sostenne che non sussistevano più buoni motivi per costruire l'ordigno americano. Le ricerche proseguirono nonostante la sua defezione, ma lo scienziato polacco non cessò di interessarsi della questione. Dopo aver appreso dell'attacco a Hiroshima, affermò di essere preoccupato per l'intero futuro dell'umanità.

Rotblat diventa così il fondatore e l'animatore principale del movimento mondiale per il disarmo, il cosiddetto "Movimento Pugwash", e lo guida fino al giorno della propria morte, che lo coglie a Londra il 3 agosto 2005, sulla soglia dei cent'anni. Pugwash è un piccolo villaggio canadese, situato sulla costa della Nuova Scozia. Nella lingua delle popolazioni native, Pugwash significa "acqua profonda". In questo villaggio, nel 1957, ha luogo una conferenza internazionale durante la quale viene presentato il famoso manifesto scritto nel 1955 da Albert Einstein e Bertrand Russell, per lanciare un grido d'allarme sul rischio connesso alle armi di distruzione di massa e sulle drammatiche conseguenze delle guerre nell'era nucleare. Rotblat è tra i firmatari del documento, insieme ai due estensori principali e a Max Born, Percy W. Bridgman, Leopold Infeld, Frédéric Joliot-Curie, Herman J. Muller, Linus Pauling, Cecil F. Powell, e Hideki Yukawa. Il fisico polacco, tra l'altro, dirige la prima conferenza stampa di presentazione del Manifesto a Caxton Hall, a Londra, pronunciando una frase divenuta celebre: «Ricordatevi della vostra umanità, e dimenticate il resto». Frase che verrà citata ancora una volta nel 1995, alla consegna del Premio Nobel per la Pace.

L'aspetto più interessante del Manifesto Russell-Einstein[142], a nostro avviso, è che gli estensori si rivolgono non solo ai politici e ai cittadini di tutte le appartenenze politiche, religiose,

---

142 Paolo Cotta-Ramusino ne sintetizza così i punti salienti: «1) l'assunto centrale del manifesto è che la guerra, in presenza di armi nucleari (o di distruzioni di massa), è catastroficamente pericolosa e deve essere rifiutata dall'umanità come strumento per la risoluzione delle controversie. L'obiettivo della rinuncia alla guerra deve uscire dalla categoria delle aspirazioni astratte, per entrare nella categoria delle scelte razionali. Con tutte le prospettive di limitazione della sovranità nazionale che questo comporta; 2) il secondo punto riguarda il controllo o più giustamente l'eliminazione delle armi nucleari. Questo è un obiettivo importantissimo che permette, nelle parole del manifesto, di "guadagnare tempo". È un obiettivo che non può essere disgiunto dalla prospettiva di eliminare la guerra, perché, finché vi saranno conflitti, ci sarà sempre l'incentivo per l'acquisizione delle armi nucleari; 3) il manifesto si rivolge poi agli esseri umani senza distinzione. In termini più moderni, è un appello alla 'società civile'». P. Cotta-Ramusino, *L'impegno del Pugwash*, «Galileo. Giornale di scienza e problemi globali», 1 luglio 2005.

e nazionali, ma anche e soprattutto agli scienziati. E, poiché gli estensori sono scienziati essi stessi, ci troviamo di fronte a un riconoscimento che qualcosa è cambiato o deve cambiare nel codice etico della comunità scientifica. Non è più possibile richiamarsi semplicemente alle regole classiche dell'ethos scientifico, ovvero dire: noi scienziati siamo disinteressati, vogliamo solo scoprire la verità, poi ciò che i politici faranno delle nostre scoperte non è un problema nostro. La regola dell'impegno civile non può più essere semplicemente un permesso, una possibilità, ma deve diventare una preferenza o addirittura un obbligo morale. Non si deve, cioè, confondere il disinteresse o la neutralità verso il risultato della scienza pura con l'indifferenza o la neutralità verso l'impiego della scienza applicata. Il fisico Paolo Cotta-Ramusino, presidente del Pugwash dal 2002, afferma a chiare lettere che «vi è un ruolo anzi una responsabilità specifica degli scienziati»[143]. Il problema non può essere addossato ad altri. Gli stessi scienziati che hanno prodotto questi nuovi strumenti di sterminio hanno due precisi obblighi morali: «devono farsi carico delle responsabilità che ne derivano» e devono «informare l'opinione pubblica degli immani rischi che ne derivano»[144]. Di questo è convinto anche Rotblat.

Prima di approfondire il ruolo del fisico polacco, dobbiamo però spendere due parole su Albert Einstein, il co-autore del manifesto. Einstein in principio era favorevole alla costruzione della bomba in funzione anti-nazista. Scrisse una lettera al presidente Roosevelt, incoraggiandolo a iniziare un programma di ricerca per creare armi atomiche. Qualcuno sostiene che fu Szilard a incoraggiarlo ad agire in tal senso o, addirittura, a scrivere la lettera per conto di Einstein. Quali che siano state le modalità, Roosevelt risponde alla richiesta dello scienziato creando un comitato di studio che, successivamente, viene assorbito nel progetto Manhattan. Subito dopo la guerra, però, Einstein inizia a fare pressioni per il disarmo nucleare e per l'istituzione di un governo mondiale. In tale frangente,

---

[143] *Ibidem.*
[144] *Ibidem.*

pronuncia anche lui una frase destinata a passare alla storia: «Non so con quali armi verrà combattuta la III guerra mondiale, ma so che la IV sarà combattuta con clave e pietre».

Durante la guerra fredda, il Pugwash rimane fedele a questa visione, facendo continue pressioni per favorire il controllo, la riduzione e possibilmente l'eliminazione delle armi di distruzioni di massa, e per promuovere il dialogo tra campi contrapposti. Rotblat, dopo essersi reso protagonista del "gran rifiuto" a Los Alamos, diventa presidente storico del movimento.

Altri eminenti scienziati condividono le sue posizioni. Tra questi, spicca Linus Pauling, anch'egli firmatario del manifesto Russell-Einstein e anch'egli insignito del Nobel per la pace nel 1962, dopo avere ottenuto quello per la chimica nel 1954. Viene premiato per l'impegno in direzione del disarmo, avendo organizzato una petizione tra gli scienziati per porre fine ai test nucleari atmosferici. Inizialmente mirata a raccogliere il sostegno degli scienziati americani, la petizione si estende poi a tutto il mondo, arrivando a novemila firme, e giunge infine nelle mani di Dag Hammarskjold, allora segretario generale delle Nazioni Unite. Si badi che questi tentativi di raccogliere consenso anche al di fuori della propria comunità, trascendendo la logica dell'interesse nazionale, in un momento storico segnato dalla guerra fredda su scala globale, è stato da alcuni interpretato come mancanza di patriottismo. Dunque, come un difetto morale[145]. In altri termini, a dimostrazione del fatto che la politica nucleare resta un campo di discussione complesso e controverso, anche personaggi votati alla filantropia come Pauling e Rotblat, che pure hanno goduto di grande simpatia e rispetto in molti ambienti, sono stati oggetto di critiche e di pressioni affinché cambiassero idea.

Intervistato da Piergiorgio Odifreddi, Rotblat ha raccontato così il suo rapporto con la ricerca in campo nucleare:

---

[145] Cfr. D. Krieger e D. Ikeda, *La scelta necessaria. Costruire la pace nell'era nucleare*, Milano 2003, pp. 7-8.

A quel tempo ero ancora in Polonia, il mio paese d'origine, e facevo esperimenti sulla diffusione di neutroni nell'uranio. Quando ho letto in «Nature» della scoperta della fissione nucleare da parte di Otto Frisch e Lise Meitner, mi è subito venuto in mente che durante l'impatto con un neutrone non solo l'atomo di uranio si spezza, ma dovrebbero prodursi molti altri neutroni. Poiché avevo gli strumenti praticamente pronti per questo genere di esperimenti, in pochi giorni ho potuto verificare l'intuizione... In base agli esperimenti che avevo fatto, ho capito che in breve tempo poteva prodursi un gran numero di neutroni, e dunque di fissioni successive. Questo apriva le porte allo sfruttamento dell'energia atomica sognato da Rutherford, e alla realizzazione di reattori nucleari. Ma i miei calcoli mostravano che una grande quantità di energia sarebbe stata prodotta in un tempo molto breve, inferiore a un microsecondo, il che equivaleva a una potente esplosione. Così, subito dopo gli esperimenti, mi venne in mente l'idea della bomba atomica... Decisi di non parlarne con nessuno, e di dimenticare la cosa: costruire armi non era affar mio. Come scienziato, ho sempre fatto ricerca fine a se stessa. Ma come scienziato umanitario, mi sono sempre preoccupato che la scienza venisse usata per il bene dell'umanità[146].

Le ultime due frasi sono molto significative, perché condensano in poche sillabe la norma del disinteresse (scienza pura) e la norma dell'impegno civile (scienza applicata). La norma dell'impegno civile può anche prendere la forma di un'astensione dalla ricerca o dal rifiuto di pubblicarne i risultati, sancendo però un conflitto tra l'ethos scientifico classico e la tecnoetica. La decisione di «non parlarne a nessuno» implica, infatti, la violazione della norma del comunismo. La questione va, dunque, approfondita in dettaglio.

4.5. La clausola della segretezza

L'aspetto forse più interessante del "caso Rotblat" è che lo scienziato polacco confessa di avere violato la norma del

---

[146] P. Odifreddi, *Intervista a Joseph Rotblat*, <piergiorgioodifreddi.it>, 2002.

comunismo epistemico. Verifica sperimentalmente un'idea, ma non ne parla a nessuno per ragioni umanitarie. La segretezza pareva legata all'alchimia e alle scienze occulte, più che alle scienze moderne. Con la nascita della società postindustriale, della società dell'informazione, assistiamo paradossalmente al ritorno della segretezza nella scienza?

Non solo gli scienziati "umanitari" alla Rotblat mantengono il segreto sulle proprie scoperte, ma anche quelli "patriottici" alla Cohen mettono tra parentesi la norma del comunismo. Si può rivelare l'esistenza della bomba al neutrone, ma non certo il segreto per costruirla. Si lavora in segreto sulle prime bombe atomiche, su quelle termonucleari, sui missili intercontinentali, sulle testate multiple, sui sistemi di sorveglianza tramite satellite, sui sistemi di difesa da missili nucleari. Scrive Francesco Lenci:

> Caratteristica peculiare della ricerca per fini militari è, ovviamente, la segretezza. L'impegno in un progetto di ricerca integrato in un programma militare comporta, inevitabilmente, mancanza del libero flusso di informazione e della circolazione di risultati che sono condizioni imprescindibili per un livello alto e competitivo della ricerca. Infine, la segretezza dei progetti e dei risultati, inconciliabile con una corretta ed obiettiva valutazione della attendibilità e della significatività del lavoro da parte della comunità scientifica, potrà favorire sprechi enormi e pericolosi stravolgimenti di linee di sviluppo della ricerca scientifica e tecnologica[147].

Di primo acchito, queste osservazioni sembrano dare ragione a Mitroff e alla sua idea dell'ambivalenza strutturale dell'ethos scientifico: a ogni norma corrisponde una contronorma, uguale e contraria. Non crediamo, però, che si possa davvero parlare di un cambiamento radicale dell'ethos scientifico, per questo tipo di segretezza. Le discipline tecniche, proprio per il valore commerciale e militare delle invenzioni, sono sempre state "scienze speciali". Per quanto scienza e tecnica tendano sempre

---

[147] F. Lenci, *La folle corsa*, «Galileo. Giornale di scienza e problemi globali», 1 luglio 2005.

più a fondersi in un'unica tecnoscienza, è ancora piuttosto evidente la differenza tra scienza pura (es. astronomia) e scienza tecnica (es. elettronica). L'ambivalenza comunismo-segretezza, nell'ambito delle scienze tecniche, era già stata descritta da Znaniecki, trentaquattro anni prima di Mitroff. Il sociologo polacco aveva notato che, da un lato, il progresso raggiunto nel controllo tecnico della natura «è dovuto principalmente alla cooperazione tra leader tecnologici, esperti, e inventori indipendenti»[148], ma, d'altro canto, molti inventori hanno mantenuto il segreto delle proprie invenzioni per timore dei competitori o, sono stati «in tempi recenti, obbligati a questa condotta da potenti datori di lavoro, pubblici o privati»[149].

In genere, i segreti vengono rivelati quando le tecnologie sono ormai obsolete. Il che significa che la norma del comunismo epistemico vale ancora, ma la sua applicazione è differita nel tempo. Era così nelle botteghe artigiane rinascimentali. È così nelle moderne industrie. I risultati diventano di pubblico dominio soltanto dopo un certo periodo di sfruttamento commerciale, quando nuove tecniche consentono già di produrre beni di maggiore qualità o a minore costo. Nel campo militare, per ragioni di sicurezza, persino le tecnologie obsolete sono tenute, per quanto possibile, segrete. La bomba A è stata superata dalla bomba H e dalla bomba N, ma nessuno ne rivela il metodo di produzione.

Il caso Rotblat propone, però, una situazione inedita: la norma non è violata temporaneamente o stabilmente per assicurare a sé, alla propria azienda o al proprio paese un vantaggio tecnologico, ma proprio per evitare che *chiunque* sia a conoscenza della scoperta o dell'invenzione.

4.6. La questione del compenso agli scienziati

A differenza delle scienze pure, le scienze tecniche vedono un'applicazione limitata o condizionata non solo del comunismo

---

[148] F. Znaniecki, *The Social Role of the Man of Knowledge*, op. cit., p. 62.
[149] Ivi, p. 61.

epistemico, ma anche del disinteresse. Un aspetto molto interessante del progetto Manhattan è, infatti, proprio la gestione dei brevetti e delle invenzioni. Richard Rhodes sostiene che alcuni scienziati avevano chiesto compensi già nel dicembre del 1942, limitatamente ai processi nucleari brevettati prima della guerra. Abbiamo anche visto che il documento di Compton, Lawrence, Oppenheimer e Fermi del 1945 poneva un distinguo tra la proprietà della bomba, su cui gli scienziati non possono né intendono avanzare pretese nemmeno in relazione all'uso, e le scoperte brevettate nel periodo precedente.

Sulla questione degli interessi materiali porta luce l'articolo *Compenso in ritardo per i neutroni lenti* di Simone Turchetti. L'autore svela, infatti, diversi retroscena della lotta per i brevetti che si è innescata, fin da subito, tra il governo americano e i fisici nucleari: «Altri storici hanno dimostrato come nel contesto del Progetto Manhattan si definirono le leggi che permisero poi agli Stati Uniti di appropriarsi di invenzioni e brevetti ottenuti da singoli ricercatori che vi avevano presero parte. Sappiamo anche che tale appropriazione causò conflitti tra chi gestiva il progetto e singoli scienziati. E che nel dopoguerra vi furono vari annosi contenziosi giudiziari con il governo degli Stati Uniti in merito a brevetti "atomici"»[150].

In particolare, Turchetti ricostruisce il contenzioso del governo degli Stati Uniti con Enrico Fermi e i suoi ex collaboratori italiani (il famoso gruppo di via Panisperna). Può ben servire da caso esemplare, anche considerando il ruolo davvero cruciale di Fermi nell'ideazione dell'ordigno.

Nel 1934, i ricercatori italiani avevano ideato un metodo per migliorare l'efficienza delle reazioni nucleari attraverso il rallentamento dei neutroni, e lo avevano brevettato. Nel corso del Progetto Manhattan questo brevetto si rivelò di fondamentale importanza per gli usi militari e industriali dell'energia atomica. Al suo impiego nel corso della guerra e nel dopoguerra avrebbe dovuto – in termini di legge – corrispondere un compenso per i suoi titolari. Ma così non fu. Il

---

[150] S. Turchetti, *Compenso in ritardo per i neutroni lenti*, «Galileo. Giornale di scienza e problemi globali», 1 luglio 2005.

Progetto Manhattan trasformò in modo sostanziale la dinamica economica e legislativa dello sfruttamento delle invenzioni. Come vedremo, se le conseguenze di questo cambiamento furono ad ampio spettro, esse furono per Fermi del tutto negative[151].

Sappiamo che Fermi emigra in America nel dicembre del 1938. Il fisico si reca prima in Svezia a ritirare il premio Nobel e poi, dopo la cerimonia, si imbarca con la famiglia sulla nave che lo porterà negli Stati Uniti. La decisione è innescata dalle leggi razziali, promulgate dal regime fascista proprio nel 1938. Fermi non è ebreo, ma lo è sua moglie. C'è timore per la sua sorte. Lo accoglie dall'altra sponda dell'oceano Gabriello Maria Giannini, un ex allievo particolarmente interessato alle questioni dei brevetti e dello sfruttamento commerciale delle scoperte scientifiche. Il nucleare è un grosso affare e Giannini non deve faticare molto per convincere il maestro a rivendicare dei compensi per quanto scoperto[152]. Sollecitato anche da Orso Mario Corbino, Fermi decide di fare domanda per ottenere una privativa industriale sul metodo di produzione dei radioisotopi, attraverso l'uso dei neutroni lenti. È convinto che il metodo da lui escogitato possa trovare applicazione nell'industria. Pensa, in particolare, alle possibili applicazioni in medicina, in chimica e in fisiologia, ossia all'utilizzo dei radioisotopi nella diagnosi e nella cura delle malattie, oppure come sostanze traccianti. Presenta, perciò, domanda di brevetto a nome proprio e di altri sei inventori: Emilio Segrè, Bruno Pontecorvo, Franco Rasetti, Giulio Cesare Trabacchi e Oscar D'Agostino.

Sempre nel 1935, Fermi stipula anche un contratto con l'azienda olandese Philips per lo sfruttamento dell'invenzione in

---

[151] *Ibidem.*

[152] Racconta Turchetti: «Fin dal 1935 Giannini si era occupato della commercializzazione dei brevetti di Fermi. Nel 1934, il fisico italiano insieme agli altri "ragazzi di via Panisperna" aveva scoperto che, nel corso di reazioni nucleari, sostanze idrogenate come la paraffina possono moderare la velocità dei neutroni. Il rallentamento aumenta l'efficienza delle reazioni stesse, e permette la creazione di sostanze radioattive artificiali (o radioisotopi) in quantità molto maggiore rispetto a reazioni con neutroni veloci». *Ibidem.*

Europa, mentre Giannini richiede il brevetto negli Stati Uniti e in Canada e avvia trattative con la General Electric e la Westinghouse. Il problema nasce a Los Alamos, dove viene chiesto a tutti i ricercatori coinvolti nel progetto di rinunciare ai loro contratti, con agenti o con società private, relativi allo sfruttamento delle invenzioni. Il centro di ricerca è dotato di un ufficio brevetti che registra le circa cinquecento invenzioni degli scienziati coinvolti nel progetto. Diciotto domande di brevetto vengono presentate da Fermi e riguardano prevalentemente la sua ricerca sulle pile atomiche. Le invenzioni sono intestate al governo degli Stati Uniti per il prezzo simbolico di un dollaro. Per circa dieci anni i brevetti sono tenuti segreti. Successivamente, diventano parte integrante dei brevetti utilizzati per lo sfruttamento civile dell'energia atomica.

> Ovviamente, dato che l'intera ricerca di Fermi era stata finanziata con i soldi del governo, sembrò del tutto legittimo sia a Fermi che agli altri scienziati coinvolti nel progetto che la proprietà di questi brevetti fosse assegnata al governo degli Stati Uniti. Ma sia gli scienziati sia i militari sapevano benissimo che tutti i brevetti che erano stati pubblicati prima del progetto avrebbero dovuto essere oggetto di remunerazione separata. Fermi rinunciò ai propri diritti sui brevetti delle pile sapendo che avrebbe dovuto ricevere un compenso per quello sui neutroni lenti. E fu proprio all'inizio del 1944 che con Segrè (insieme al quale si era trasferito a Los Alamos) si attivò per cercare di capire come ottenerlo[153].

Non narriamo il lunghissimo braccio di ferro tra gli scienziati italiani e il governo americano, deciso a non mollare la minima parte dei miliardi di dollari che l'uso civile dell'energia atomica garantiva e pronto anche a minacciare l'incriminazione penale di Enrico Fermi, qualora avesse perseverato nelle richieste. Diciamo solo che, dopo diciannove anni di contenzioso legale, gli scienziati italiani ottengono 28.000 dollari a testa per l'utilizzo del brevetto sui neutroni lenti. Il denaro è versato nel 1953 a tutti, fuorché a Pontecorvo, dato che questi –

---

[153] *Ibidem.*

sorprendendo il mondo – era andato a vivere in Unione Sovietica. Ma era ben poca cosa rispetto al valore reale del brevetto, a prezzi di mercato. Basti pensare che il programma "Atomi per la Pace" lanciato dal presidente Eisenhower quattro anni più tardi garantirà due miliardi di dollari l'anno di introiti, solo per la vendita di reattori nucleari in Europa.

Le stesse aziende private alle quali Giannini aveva proposto prima della guerra l'acquisto del brevetto, vale a dire la Westinghouse e la General Electric, ottengono nel dopoguerra la licenza d'uso del metodo a neutroni lenti a costo zero dal governo americano. Il paradosso è che la nazione del capitalismo e della libertà individuale utilizza metodi "sovietici" per garantirsi un monopolio di Stato, che poi va a vantaggio di poche aziende private. Non si può negare che ci fossero importanti ragioni di sicurezza che imponevano un controllo statale, date le applicazioni militari delle scoperte scientifiche. Ma, in realtà, la ragion di Stato diventa poi una scusa per dirottare i profitti degli usi extra-militari dell'energia nucleare da un soggetto privato che aveva meriti a un altro soggetto privato che non aveva alcun merito. Anche questo è un problema di etica della scienza. Se nel caso delle scienze tecniche (per ragioni di sicurezza) si mette temporaneamente tra parentesi la norma del comunismo, sarebbe quantomeno opportuno (per ragioni di giustizia) premiare l'intelletto degli inventori più che le lobby politico-economiche.

Per quanto riguarda la norma mertoniana del disinteresse e la contronorma mitroffiana dell'interesse, dobbiamo evidenziare che il conflitto normativo è solo apparente. In realtà, Merton non ha mai detto che lo scienziato non ha o non può avere interessi materiali, quando conduce le proprie ricerche. Rimarca che una serie di sentimenti nobili sono normalmente indicati dai ricercatori come ispiratori del proprio lavoro, ma conclude che, alla fine, è la struttura normativa della comunità scientifica che li obbliga a mettere la ricerca della verità al primo posto. Non le motivazioni psicologiche. La struttura non vieta di cercare il tornaconto personale (i soldi, la carriera, il prestigio), ma impone di raggiungere questi risultati senza "barare", ovvero senza falsificare i dati scientifici. Questo non è il caso di Fermi e dei suoi collaboratori. La ricerca assolutamente disinteressata della verità è una preferenza, non un obbligo, mentre il divieto riguarda la sola frode scientifica. Forse, minori equivoci sarebbero nati se, invece di usare il termine "disinteresse", Merton avesse denominato questa norma "onestà intellettuale".

4.7. Il trattato di non proliferazione nucleare

Non può mancare in questo scritto una riflessione sul *Trattato di non proliferazione nucleare* (TNP). Al trattato si arriva dopo una lunga ed estenuante discussione che coinvolge scienziati, intellettuali, politici, religiosi e cittadini. Il dibattito sugli usi militari dell'energia nucleare trova nella stipula del TNP il suo momento più alto. Sottoscritto da USA, Regno Unito e Unione Sovietica il 1 luglio 1968, il trattato entra in vigore il 5 marzo 1970. Esso pone come obiettivi comuni il disarmo, la non proliferazione degli ordigni e l'uso pacifico del nucleare. Al momento dell'entrata in vigore, l'arsenale atomico mondiale contava più di 38.000 testate nucleari.

Inizialmente, la situazione sembra peggiorare piuttosto che migliorare. La corsa agli armamenti di USA e URSS, infatti, continua senza pause, tanto che nel 1986 gli ordigni nucleari raggiungono l'impressionante numero di 65.000. Poi, il trattato inizia a sortire effetti, anche grazie all'applicazione della cosiddetta teoria della distruzione mutua assicurata (MAD), e dal picco massimo del 1986 si scende gradualmente al picco minimo di 13.000 testate nucleari. In base al trattato, gli stati firmatari che non possiedono armi nucleari (stati "non nucleari") non possono procurarsi autonomamente tali armamenti, mentre agli stati "nucleari" è fatto divieto di esportare fornire tecnologie nucleari, salvo che la fornitura sia a scopi pacifici. A vigilare sul rispetto delle regole è preposta l'AIEA (*Agenzia Internazionale per l'Energia Atomica*).

All'inizio del XXI secolo, gli stati firmatari del trattato sono 189, tra i quali: Stati Uniti d'America (più di 10.000 testate nucleari), Francia (più di 300 testate), Regno Unito (più di 200 testate), Russia (più di 16.000 testate) e Cina (più di 400 testate).

Vi sono anche possessori di armi nucleari che non hanno firmato il trattato: Corea del Nord (almeno 1 testata), India (più di 30 testate), Israele (dalle 75 alle 150 testate) e Pakistan (più di 25 testate). Il trattato ha ovviamente pro e contro sul piano etico-politico e sul piano pragmatico che vengono puntualmente sottolineati. Sul piano etico, il Pugwash obietta che

il trattato NPT è intrinsecamente discriminatorio, perché autorizza certi Stati (che coincidono con i 5 membri permanenti del Consiglio di Sicurezza dell'ONU) a mantenere il possesso di armi nucleari, mentre vieta il possesso di tali armi a tutti gli altri firmatari (tutti paesi del mondo tranne India, Pakistan, Israele e Corea del Nord, che si è recentemente ritirata). Un trattato chiaramente discriminatorio ha senso solo se la discriminazione è provvisoria. Nelle intenzioni degli estensori del trattato l'unico modo per eliminare la discriminazione era ed è quello di procedere al disarmo nucleare generalizzato[154].

In effetti, il trattato era inizialmente inteso come un compromesso: gli Stati che non avevano armi nucleari si impegnavano a non produrne, in cambio dell'impegno degli Stati nucleari a effettuare il disarmo. Ma – come sottolinea il Pugwash – l'impegno non è stato mantenuto, per cui ogni ingiunzione degli Stati nucleari agli Stati non nucleari di sospendere le ricerche suona inevitabilmente ipocrita. L'AIEA, preposta al controllo, si trova in una situazione molto imbarazzante, perché viene mandata a bacchettare l'Iran o la Corea del Nord, ma non ha la forza per sollevare il problema delle grandi potenze che non disarmano. Tra l'altro, Francesco Lenci – membro dell'*Unione Scienziati per il Disarmo* – ricorda che i programmi di ricerca e sviluppo per la realizzazione di nuovi sistemi d'arma «possono essere di lunga durata (anche dieci o vent'anni) e ciò può far sì che trattative per il controllo, la limitazione o la riduzione degli armamenti si concludano con accordi su sistemi d'arma ormai obsoleti»[155].

---

[154] P. Cotta-Ramusino, *L'impegno del Pugwash*, op. cit.

[155] F. Lenci, *La folle corsa*, op. cit.

Questi dubbi sono stati espressi da una pluralità di soggetti e gli stessi governi li riconoscono validi. In ragione degli stessi, un successivo trattato che mette al bando tutte le esplosioni nucleari (CTBT, *Comprehensive Test Ban Treaty*) è stato approvato dall'*Assemblea Generale delle Nazioni Unite* il 10 settembre 1996. Ben settantuno Stati, inclusi USA, Russia, Gran Bretagna, Francia, Cina, hanno firmato immediatamente. In seguito, si è registrata la firma di altri paesi. Tuttavia, il CTBT entra in vigore soltanto se è firmato e ratificato da tutti i quarantaquattro paesi identificati come possessori di un programma nucleare (pacifico) con reattori di potenza. India, Pakistan e Corea del Nord non hanno firmato. Vi sono anche paesi come USA, Cina, Iran, Egitto e Israele che hanno firmato l'accordo, ma non l'hanno mai ratificato. Al momento, il trattato è stato firmato da 183 stati e ratificato da 164.

Quand'anche tutti gli Stati firmassero e ratificassero l'accordo, resta il problema delle testate già esistenti e di quelle che potrebbero essere create da gruppi terroristici. La tecnica di costruzione è nota a un numero sempre più alto di scienziati. Il materiale fissile non è facile da reperire, ma di certo non è introvabile. È sufficiente venire in possesso di cento chilogrammi di uranio arricchito per confezionare l'ordigno e le quantità di uranio arricchito in circolazione sono enormi. Si stima che nell'ex Unione Sovietica vi sia almeno un milione di chilogrammi di materiale fissile. Il rischio di un gruppo clandestino dotato di armi di distruzione di massa è considerato molto alto. Sono in molti a ritenere che sia solo una questione di tempo. L'unico modo di evitare il pericolo è costituire delle agenzie di sicurezza internazionali dotate degli strumenti giuridici e tecnici necessari per compiere indagini a vasto raggio. Ma finché i vari paesi non costruiscono un rapporto di fiducia reciproca, non sarà possibile procedere in tale direzione. La diffidenza da parte dei paesi più piccoli è del resto comprensibile. Se le superpotenze invocano il diritto internazionale, al fine di disarmarli o controllarli, salvo poi appellarsi all'interesse nazionale per aggirare il diritto internazionale e i trattati in altre situazioni, come si può costruire un clima di fiducia?

L'equilibrio del terrore tra i blocchi atlantico ed esteuropeo, basato sulla strategia della "distruzione mutua assicurata", ha evitato al mondo l'olocausto nucleare. Con la fine della guerra fredda si sono accese le speranze di un'applicazione del trattato e di un disarmo generale e definitivo. Le due potenze hanno iniziato a ridurre gli arsenali, ma la speranza del disarmo è durata poco. L'esplosione di conflitti bellici in tutto il mondo ha fatto capire che le possibilità di guerre locali aumentano con la fine dell'equilibrio del terrore, piuttosto che diminuire. Con esse, aumenta il desiderio di molti paesi di dotarsi di armi di distruzione di massa, a scopo deterrente. Il fisico Angelo Baracca è convinto che si stia profilando una fine del TNP e un ritorno alla proliferazione[156].

Nel frattempo, anche i paesi sconfitti nella seconda guerra mondiale pensano a un riarmo nucleare. E gli USA non si oppongono, considerando che gli scenari internazionali sono completamente mutati. Così come l'India nucleare fa comodo all'Alleanza Atlantica come monito all'arrembante Cina e forse anche all'islamico Pakistan, un Giappone nucleare è un tassello fondamentale per tenere in scacco tanto la Cina quanto la Corea del Nord[157].

---

[156] «Le potenze nucleari hanno deciso che non si libereranno mai, per il futuro prevedibile, degli armamenti nucleari (si conoscono programmi ufficiali fino al 2040)... La "partnership nucleare" lanciata dagli Stati Uniti con l'India (in chiara funzione anticinese – con il riconoscimento di uno Stato nucleare fuori dal Tnp), è una mostruosità che tende a vanificare il trattato, facendone un pezzo da museo». A. Baracca, *Torna la minaccia nucleare*, «Peace Reporter», 13 aprile 2006.

[157] Baracca afferma che Germania e Giappone sono i due paesi «che hanno accumulato i più ingenti quantitativi di plutonio dal riprocessamento del combustibile esaurito dei loro reattori nucleari (rispettivamente 24 e 40-45 tonnellate: per fare una bomba ne occorrono pochi chili, a seconda della sofisticazione). Va ricordato che il plutonio costituisce l'esplosivo nucleare ideale, e che, anche se il plutonio generato nei reattori civili (reactor-grade) non ha le caratteristiche del plutonio militare (weapon-grade), può essere utilizzato per le bombe... Deve essere chiaro che il riprocessamento del combustibile nucleare esaurito ha l'unico scopo di separare il plutonio, poiché moltiplica invece il volume dei prodotti e delle scorie radioattivi da custodire. Tra pochi anni il Giappone diventerà il paese che possiede il maggiore quantitativo di plutonio al mondo. Per farne cosa? I sospetti sono più che

Il problema è che una volta che un paese ha la bomba entra nel club dei potenti e viene rispettato. Nessuno solleva più problemi nei confronti di India e Pakistan. Si è minacciata la Corea del Nord, finché non ha eseguito il test nucleare. Una volta che ha mostrato i muscoli, è diventato sconveniente minacciarla di un attacco preventivo. Si ammonisce invece l'Iran, come in passato si è minacciato l'Iraq, perché la minaccia nucleare è prevista per il futuro: la bomba non c'è ancora[158]. In generale, questo atteggiamento solleva dubbi, tanto sul piano pragmatico quanto sul piano etico, perché non fa altro che incoraggiare i paesi ad armarsi clandestinamente e a mettere il mondo davanti al fatto compiuto. Con questa strategia, la proliferazione delle armi nucleari è assicurata.

4.8. Ascesa e crisi del nucleare civile

La data chiave del nucleare civile è il 1974. Nell'ottobre del 1973, in seguito alla guerra del Kippur, si registra in Occidente il cosiddetto "shock energetico". Il prezzo del petrolio quadruplica, passando da tre a dodici dollari al barile, facendo aumentare in misura ancora maggiore la fattura energetica.

Gli Stati, le aziende e le famiglie si rendono conto della fragilità del sistema di approvvigionamento, capiscono di essere del tutto in balia di eventi esterni e incontrollabili. A causa dell'embargo petrolifero, i governi sono costretti a misure d'emergenza, come le tre domeniche consecutive senza auto imposte nell'autunno del 1973 ai cittadini italiani. Un po' tutti i paesi industrializzati, ma in particolare quelli privi di materie prime, approntano un piano per lo sfruttamento commerciale e civile dell'energia atomica. Centrali nucleari sono già in funzione da almeno un decennio, ma in genere si tratta di

---

legittimi». *Ibidem.*

[158] L'Iran, in realtà, continua ad affermare di voler soltanto attivare centrali nucleari per la produzione di energia. A tal fine ha sottoscritto un accordo con gli Stati Uniti, durante la presidenza di Barack Obama. L'accordo è stato però contestato dal Partito Repubblicano e da Israele. Cfr. J. Bernstein, *Nuclear Iran*, Harvard 2014.

reattori progettati per costruire armi atomiche e poi convertiti a uso civile. Nel 1974 si afferma l'idea di sfruttare il nucleare soprattutto per scopi commerciali.

In particolare è la Francia a mostrare maggiore decisione. Il 5 marzo 1974, il primo ministro Pierre Messmer annuncia un vasto programma elettronucleare che prevede la costruzione di tredici reattori. Ma si tratta solo dell'inizio. Cinque reattori nucleari sono messi in servizio industriale nel 1982, sette nel biennio 1983-1984, dieci nel biennio 1985-1986, sei nel 1987, fino ad arrivare a un parco di cinquantotto reattori nucleari, in grado di soddisfare il 78,2% del fabbisogno francese di energia elettrica, per una potenza complessiva di 61,5 gigawatt. Il Giappone si avvia sulla stessa strada, costruendo cinquantatré centrali nucleari. Gli Stati Uniti ne hanno centoquattro, ma coprono solo il 20% del fabbisogno di elettricità. Nel complesso, i reattori nucleari a uso civile attivi nel mondo sono 438 e producono 352 gigawatt, pari al 16% della fornitura globale d'energia. Negli anni Settanta si pensava che all'inizio del XXI secolo si sarebbero raggiunti i 1000 gigawatt, ma non era stato messo in conto l'incidente di Chernobyl. Il disastro della centrale ucraina avrebbe, infatti, frenato gli entusiasmi di diversi paesi.

L'uso civile del nucleare è stato per molti decenni il sogno degli "scienziati umanitari", ossia di quegli scienziati che durante e dopo la costruzione della bomba atomica hanno lottato contro l'uso militare di questa scoperta. Tuttavia, l'esplosione del reattore numero quattro della centrale nucleare di Chernobyl, il 26 aprile 1986, ha trasformato lo stesso uso civile del nucleare in un problema etico[159].

Quello di Chernobyl non è stato l'unico incidente della storia, ma è stato certamente il più grave del XX secolo e forse di sempre[160]. Non entreremo nel dettaglio tecnico dell'incidente.

---

[159] Sul disastro di Chernobyl la letteratura è talmente ampia che conviene segnalare un sito bibliografico: *The Chernobyl Resource Page. A Chernobyl Bibliography*, <http://www.ibiblio.org/chernobyl/biblio.shtml >, 15 settembre 2015 (accesso).

[160] Diverse storie dei disastri nucleari sono disponibili, tra queste: J. Mahaffey,

Ci limitiamo a dire che si trattava di un reattore del tipo RBMK, ovvero di una macchina complessa che utilizzava la grafite per rallentare i neutroni e favorire la reazione atomica controllata. Costituito da carbonio, questo materiale è difficile da spegnere, se si incendia. Sebbene non tutte le circostanze dell'incidente siano state ancora chiarite, pare ormai assodato che esso sia stato innescato da un esperimento scientifico sfuggito al controllo degli operatori[161]. Su questa conclusione convergono le narrazioni di diverse parti politiche, tanto di quelle contrarie al nucleare quanto di quelle favorevoli. L'organizzazione ecologista Greenpeace descrive l'accaduto in questi termini:

> Gli operatori volevano verificare se – in caso di perdita di potenza dovuta a qualche malfunzionamento – la centrale fosse stata in grado di produrre sufficiente elettricità per mantenere in azione il circuito di raffreddamento fino all'entrata in azione dei generatori di sicurezza. Il sistema di sicurezza venne deliberatamente disattivato per effettuare il test e la potenza fu portata al 25 per cento della sua capacità. La procedura però non funzionò e la potenza scese sotto l'un per cento. A questo punto, bisognava far crescere di nuovo la potenza lentamente, ma questa procedura avvenne invece in maniera violenta a causa del mancato funzionamento del sistema di sicurezza[162].

I reattori a grafite sono ritenuti pericolosi perché hanno la caratteristica di aumentare la potenza della reazione nucleare, in caso di aumento della temperatura. Nella centrale di Chernobyl sarebbe accaduto proprio questo. Secondo Greenpeace, gli operatori hanno perso il controllo del reattore, così «si è formata una bolla di idrogeno nell'acqua del circuito di raffreddamento e poi una esplosione. La grafite ha preso fuoco per l'elevata

---

Atomic Accidents. A History of Nuclear Meltdowns and Disasters from the Ozark Mountains to Fukushima, New York 2014; E. Ochiai, *Hiroshima to Fukushima. Biohazards of Radiation*, Heidelberg 2014.

[161] R. F. Mould, *Chernobyl Record. The Definitive History of the Chernobyl Catastrophe*, Bristol-Philadelphia 2000, p. 32; J. T. Smith, N. A. Baresford, *Chernobyl – catastrophe and Consequences*, Heidelberg-Chichester 2005, p. 2.

[162] *La tragedia di Chernobyl. Il costo umano di una catastrofe nucleare*, <green-peace.it>, 15 settembre 2015 (accesso).

temperatura che a 2000 gradi centigradi ha fuso le barre contenenti il combustibile»[163].

In una dichiarazione della Commissione Europea[164], il parlamentare Hans-Gert Poettering (Partito Popolare Europeo) ha aggiunto che l'esplosione del reattore è avvenuta nell'ambito di un esperimento *militare*. Infatti, la centrale di Chernobyl oltre a produrre energia per usi civili era anche preposta alla produzione di plutonio per usi militari. Martin Schultz (Partito Socialista Europeo) ha invece sottolineato il pericolo della "segretezza". L'URSS era una dittatura e perciò era poco propensa a comunicare dati chiari e inequivocabili a riguardo di quell'esperimento scientifico fallito, mettendo così a repentaglio la vita e la salute non solo dei propri cittadini, ma anche degli abitanti dei paesi limitrofi. Di qui il problema di un comparto della ricerca scientifica che, avendo valenze strategiche, è sottoposto a segreto, moltiplicando i danni. Si noterà che, implicitamente, Schultz afferma l'importanza della norma etica del comunismo epistemico. Il parlamentare socialista aggiunge che «non tutto ciò che è tecnicamente possibile è anche moralmente lecito» e, pertanto, è necessario «optare per la soluzione che comporta i minori rischi»[165].

Il fatto che la centrale di Chernobyl utilizzasse un sistema di produzione diverso da quello delle centrali occidentali, che l'incidente fosse avvenuto in una circostanza straordinaria (un esperimento), e che, oltretutto, in URSS non vigevano le norme di sicurezza che vincolano i paesi dell'Ovest, sono tutte circostanze utilizzate dal partito nucleare per opporsi a un cambiamento del programma energetico. Dopo un momento di sbandamento, i programmi di costruzione delle centrali sono, infatti, ripresi un po' ovunque. In questo quadro generale, l'Italia rappresenta un'eccezione. Nel 1966, l'Italia era il terzo produttore al mondo di energia nucleare, dopo gli Stati Uniti d'America e la Gran Bretagna, con tre centrali in funzione, delle

---

[163] *Ibidem.*

[164] *Chernobyl 1986-2006: quale futuro per il nucleare?*, <europarl.europa.eu>, 26 aprile 2006.

[165] *Ibidem.*

quali una (quella di Trino) dotata del reattore più potente del mondo al momento dell'inaugurazione. Le centrali diventano quattro negli anni settanta, con entrata in funzione del reattore di Caorso. Nel 1987, sulla scia dei fatti di Chernobyl, un referendum popolare decreta l'uscita dell'Italia dal nucleare. Le quattro centrali smettono di funzionare nel 1990. Anche in questo caso si registrano giudizi divergenti. Francesco Corbellini e Franco Velonà, per esempio, sostengono che le legittime paure dell'opinione pubblica sono state abilmente sfruttate dalla lobby del petrolio, grazie all'aiuto della stampa nazionale che ha messo in atto una campagna di disinformazione[166].

Il sogno del nucleare civile subisce, però, un nuovo duro colpo l'11 marzo 2011, con il disastro di Fukushima. La centrale nucleare giapponese è danneggiata prima da un terremoto e poi investita da uno tsunami. In seguito al primo incidente, sono messi in moto i sistemi di raffreddamento dei reattori, ma un'onda anomala alta 14 metri investe l'impianto mettendo fuori uso i sistemi elettrici. L'impianto era progettato per resistere a terremoti e maremoti, ma erano state previste onde anomale alte al massimo 6,5 metri. La Tokyo Electric Power Company (TEPCO), che gestisce l'impianto, il 24 maggio 2011 conferma che in seguito all'incidente si sono fusi i noccioli dei reattori 1, 2 e 3. Sebbene non si sia verificata un'esplosione nucleare, ma esplosioni di natura chimica, l'*Agenzia per la sicurezza nucleare e industriale del Giappone* stima l'incidente al grado sette di pericolosità. Si tratta del massimo grado della scala INES, allo stesso livello del disastro di Cernobyl[167].

---

[166] In altri termini, «i corposi interessi economici del partito dei petrolieri e del gas, ostile all'affermarsi dell'industria nucleare in Italia, e il disagio istintivo nei confronti di una tecnologia sconosciuta e ritenuta letale ebbero la meglio sulla valutazione razionale dell'accaduto. Si arrivò così al referendum e, soprattutto, alle conseguenze per la politica energetica italiana che dal referendum furono, anche arbitrariamente, fatte discendere». F. Corbellini, F. Velonà, *Maledetta Chernobyl. La vera storia del nucleare in Italia*, Milano 2008.

[167] «The International Nuclear Event Scale (INES) is a system to inform of safety significance of accidents/events caused by the utilization of nuclear power or radiation to the general public in the country promptly and of major items to the International Atomic Energy Agency (IAEA), where the safety-

La radioattività totale diffusa nell'atmosfera è pari a un decimo di quella fuoriuscita dalla centrale ucraina, ma altri aspetti dell'incidente ne hanno elevato la pericolosità. In particolare è la diffusione della radioattività in mare e nel sottosuolo a preoccupare. Una diffusione che secondo alcuni esperti continuerà per almeno vent'anni. Il reattore di Cernobyl è stato, infatti, sigillato in tempi brevi in un sarcofago. Questa operazione non è stata possibile a Fukushima. Nei giorni successivi all'incidente è stata misurata una radioattività in mare superiore di 4385 volte ai livelli consentiti. Il 26 marzo la nube radioattiva è stata rilevata persino in Francia[168].

Nonostante la gravità dell'incidente, ancora una volta, il programma rallenta ma non si ferma. Il Giappone spegne a scopo precauzionale tutti i suoi cinquantaquattro reattori, ma chiarisce che non ha alcuna intenzione di rinunciare al nucleare. Dopo un lungo periodo in cui procede alla modifica delle centrali, per adeguarle a nuovi criteri di sicurezza, l'11 agosto del 2015 inizia a rimetterle in funzione. Il primo reattore a essere riattivato, a quattro anni e cinque mesi dall'incidente di Fukushima, è quello di Sendai. L'unica novità di rilievo è che, stavolta, il Giappone torna al nucleare tra le proteste della popolazione[169]. Anche altri paesi nucleari che avevano

---

significance is evaluated based on an internationally unified standard (scale). (...)The INES evaluation of the Fukushima Daiichi remained temporary as of the end of March 2013. It seems the amounts of release of radioactive materials into the air, as estimated by the NISA, NSC, TEPCO and some research institutes, show the evaluation of whole Fukushima Daiichi is remained at Level 7». Atomic Energy Society of Japan (a cura di), *The Fukushima Daiichi Nuclear Accident. Final Report of the AESJ Investigation Committee*, Tokyo 2014, pp. 109-111.

[168] Per maggiori dettagli scientifici su questo incidente, vedi: D. Lochbaum, E. Lyman, S. Strahnan and the Union of Concerned Scientists, *Fukushima. The Story of a Nuclear Disaster*, New York 2015; H. Caldicott (a cura di), *Crisis Without End. The Medical and Ecological Consequences of the Fukushima Nuclear Catastrophe,* New York 2014. Per un resoconto giornalistico, vedi: A. Farruggia, *Fukushima. La vera storia della catastrofe che ha sconvolto il mondo*, Venezia 2012.

[169] S. Carrer, *Il Giappone post-Fukushima torna al nucleare. Riparte tra le proteste il primo reattore a Sendai*, «Il Sole 24 Ore», 11 agosto 2015.

inizialmente manifestato l'intenzione di cambiare politica energetica, ci ripensano. Germania e Svizzera decidono, tuttavia, un'uscita graduale dal nucleare, attraverso la chiusura già programmata delle centrali vecchie e la non costruzione di nuove. I due paesi dovrebbero cessare l'elettro-generazione da fonte nucleare rispettivamente nel 2022 e nel 2034.

Di nuovo, l'unica eccezione tra i paesi industriali è l'Italia, che chiude del tutto e senza esitazioni la porta del ritorno al nucleare. Tra il 2005 e il 2008 si era, infatti, discussa la possibilità di una ripresa del programma atomico, ovvero di rivalutare il rapporto rischio-opportunità, considerato il costo crescente dell'approvvigiona-mento energetico e la carenza di materie prime nel paese. La raccolta di firme per cancellare attraverso un referendum le norme che avrebbero consentito la ripresa del programma ha successo, ma il risultato della consultazione popolare non era affatto scontato, visto che diversi referendum erano falliti negli anni duemila per il non raggiungimento del quorum. Per una fatale coincidenza, l'Italia si trova però a rivotare per l'uscita dal nucleare il 12 e 13 giugno 2011, a pochi mesi dall'incidente di Fukushima. La collocazione temporale del voto è stata probabilmente decisiva nel favorire la mobilitazione dell'opinione pubblica.

4.9. Il problema delle scorie

Il riferimento ai rischi ci invita a prendere in esame il concetto di "world risk society" elaborato dal sociologo tedesco Ulrich Beck[170]. Per illustrare questo concetto, nel saggio *The Silence of Words and Political Dynamics in the World Risk Society*[171], Beck fa riferimento proprio ai rischi legati all'uso civile dell'energia nucleare. Il problema non è limitato alla possibilità di incidenti, ma anche alla difficoltà di smaltimento delle scorie radioattive. Il plutonio ha un'emivita di 14.000 anni, mentre i

---

[170] U. Beck, *Risk Society. Towards a new Modernity*, London 1992.
[171] U. Beck, *The Silence of Words and Political Dynamics in the World Risk Society*, «Logos», 1/4 Fall, 2002.

terreni contaminati con Cesio 137 impiegano circa 300 anni a tornare allo stato originario. Secondo Beck, l'uso civile del nucleare solleva un problema etico anche perché genera rischi che si trasmettono alle incolpevoli generazioni del futuro. Noi abbiamo tutto il diritto di assumerci un rischio, di fare una scelta ponderando opportunità e pericoli, ma abbiamo il diritto di creare problemi ai nostri discendenti, considerando che non sono stati coinvolti nella scelta?

Il sociologo comincia col chiedersi che cosa abbiano in comune eventi e minacce come Chernobyl, le catastrofi ambientali, le discussioni riguardo la genetica umana, la crisi dell'economia asiatica, e le presenti minacce di attacchi terroristici. La sua risposta è condensata in questo esempio:

> Alcuni anni orsono il Congresso degli Stati Uniti ha creato un comitato scientifico per sviluppare un linguaggio in grado di elucidare il pericolo dei siti permanenti di scorie radioattive sul territorio americano. Il problema da risolvere era il seguente: Come concetti e simboli devono essere costruiti per generare un singolo, immutabile messaggio comprensibile a diecimila anni dal presente? Il comitato era composto da fisici, antropologi, linguisti, neurologi, psicologi, biologi molecolari, archeologi, artisti, e via dicendo. Doveva rispondere a una domanda inevitabile: gli Stati Uniti esisteranno ancora tra diecimila anni? Per il comitato governativo la risposta era ovvia: USA per sempre! Tuttavia, il problema centrale, ovvero come possa essere possibile avere una conversazione con il futuro a distanza di diecimila anni, gradualmente si è dimostrato irrisolvibile[172].

Posto che la lingua inglese cesserà di esistere in un tempo assai inferiore, misurabile in secoli piuttosto che in millenni, era necessario trovare simboli archetipici. Gli accademici hanno iniziato a studiare modelli tra i simboli più antichi dell'umanità: la costruzione di Stonehenge (1500 a.C.), le piramidi, la ricezione di Omero e della Bibbia, e altro ancora. In ogni caso, si spingevano indietro di un paio di migliaia di

---

[172] *Ibidem.*

anni, non certo di decine di migliaia di anni. Così, prosegue Beck:

> Gli antropologi raccomandarono il simbolo del teschio con le ossa incrociate. Uno storico ricordò che per gli alchimisti, il teschio con le ossa incrociate significava risurrezione. Uno psicologo realizzò un esperimento con bambini di tre anni: quando incollò il teschio con le ossa su una bottiglia, impauriti gridarono "veleno", se incollava lo stesso simbolo sul muro, animatamente gridavano "pirati!". Altri scienziati suggerirono di tappezzare il terreno attorno alle discariche permanenti di scorie con placche di ceramica e metallo contenenti ogni sorta di avvertimento. Tuttavia, il giudizio dei linguisti fu estremamente chiaro: sarà compreso al massimo per duemila anni![173]

Le difficoltà incontrate dal comitato scientifico, nel tentativo di risolvere il problema della comunicazione a distanza, illustrano perfettamente il concetto di "società globale del rischio". Il linguaggio umano fallisce davanti al compito di informare le future generazioni dei pericoli che inavvertitamente immettiamo nel mondo attraverso l'uso di certe tecnologie. C'è una distanza apparentemente incolmabile tra il vecchio linguaggio che utilizziamo per calcolare i rischi nel presente e il mondo nuovo che generiamo alla velocità del tasso di crescita tecnologico. Un mondo inevitabilmente dominato dall'incertezza. La conclusione di Beck è piuttosto pessimistica: «Con le decisioni passate sull'energia nucleare e quelle presenti sull'uso della bioingegneria, della genetica umana, della nanotecnologia, dell'informatica, e via dicendo, produciamo conseguenze imprevedibili, incontrollabili e incomunicabili che mettono in pericolo la vita sulla terra»[174].

Ulrich Beck non si fa apertamente promotore di una tecnoetica luddista, ma la sua diagnosi sociologica sembra comunque implicare una terapia proibizionistica per curare il male. Appellarsi al principio di precauzione, dopo aver

---

[173] *Ibidem.*

[174] *Ibidem.*

sostenuto che il calcolo dei rischi è impossibile, significa sostanzialmente chiedere di non immettere nuove tecnologie nel tessuto sociale. Sebbene l'analisi di Beck risulti per molti versi condivisibile, e il suo invito alla cautela non debba assolutamente essere lasciato cadere, è anche vero che: 1) il problema delle scorie già esiste e appellarsi alla precauzione può servire solo a limitare il danno; 2) l'eliminazione del rischio attraverso una politica proibizionistica comporta anche la rinuncia alle opportunità; 3) una soluzione tecnica del problema è sempre possibile in futuro.

Le scorie radioattive potrebbero, infatti, essere eliminate da una tecnologia superiore, inventata nei prossimi secoli, ovvero ben prima che gli Stati Uniti d'America (o le altre nazioni) e la lingua inglese (o le altre lingue storiche) cessino di esistere. Molto spesso, i tecno-scettici pronosticano disastri causati delle attuali tecnologie, dimenticando che la tecnologia stessa evolve e, in futuro, sarà diversa e possibilmente più sofisticata di quella odierna. Inoltre, un po' più di ottimismo invita a pensare che il superamento delle lingue storiche potrebbe trovare sbocco nella nascita di una neolingua terrestre, che consentirebbe di superare il problema in modo diverso. Il comitato di studio della neolingua terrestre potrebbe essere permanente e potrebbe, altresì, tradurre e rinnovare periodicamente le iscrizioni, seguendo e plasmando l'evoluzione della lingua stessa.

L'italiano di oggi è molto diverso dall'italiano di Dante. Pare che soltanto il 50% delle parole utilizzate nella *Divina Commedia* siano ancora in uso nel linguaggio quotidiano degli italiani, ma ci sono studiosi che per sette secoli hanno continuato a produrre interpretazioni, parafrasi e traduzioni di quell'opera. Lo stesso può essere fatto con le iscrizioni sulle placche di ceramica e metallo poste a sigillo delle scorie radioattive. Inoltre, quand'anche non ci fossero in futuro né lingua terrestre, né comitato permanente per la manutenzione della neolingua, potrebbero esistere lettori elettronici universali capaci di decifrare e tradurre messaggi in tutte le lingue conosciute, passate e presenti, in tempo reale (un'evoluzione di *Google translator*, per intenderci). Allo stesso modo, i nostri discendenti potrebbero avere con sé rilevatori di radioattività e di altre sostanze nocive nei propri dispositivi portatili. Dopotutto, soltanto due decenni orsono, nessuno avrebbe mai immaginato miliardi di persone connesse a Internet attraverso *smartphone*, e nemmeno la stessa possibilità di installarvi *app* di ogni tipo. Tra l'altro, già oggi queste tecnologie iniziano a entrare nel corpo umano, nella forma di *bypass*, *pacemaker*, *microchip RFID* sottocutanei[175]. Tra diecimila anni non solo il mondo sarà molto diverso, ma l'uomo stesso potrebbe cambiare, fondendosi con le proprie tecnologie. Dunque, il vizio di fondo dell'analisi di Beck potrebbe risiedere semplicemente in una carenza di immaginazione e in una sfiducia di fondo nelle possibilità progressive dell'umanità.

La questione pare, infatti, irrisolvibile soltanto se si assume che non ci sarà ulteriore progresso. Assomiglia un po' ai paradossi di Zenone, perché si fa un passo o due e poi si salta alla fine del processo. Il sociologo tedesco pone comunque un problema intrigante, relativo proprio all'ethos scientifico, che merita di essere tenuto ben presente: la norma del comunismo del sapere può entrare in crisi anche se nessuno ne revoca la validità. Può entrare in crisi per il semplice fatto che esseri umani che vivono in tempi o luoghi diversi non riescono a comunicare e a mettere in comune i propri saperi, le proprie informazioni.

4.10. Conclusioni

Per quanto riguarda l'ethos scientifico, in seguito allo sviluppo dell'ingegneria nucleare, pare che la norma a entrare maggiormente in crisi sia quella del comunismo. Entra in crisi non tanto perché non ci sia collaborazione tra scienziati di paesi diversi o perché le invenzioni siano tenute segrete per ragioni di sicurezza militare o di opportunità commerciale. Questo è sempre accaduto, anche per altre tecnologie. La norma entra in crisi perché vi sono scienziati che, per ragioni di principio, si

---

[175] L. Merian, *Office complex implants RIFD chips in employees' hands*, «Computer World», 6 febbraio 2015.

rifiutano di comunicare le proprie scoperte ai pari. Non mettono le proprie conoscenze in comunione, perché le ritengono pericolose per l'umanità. In altre parole, sollevano dubbi su uno dei pilastri etici della cultura occidentale, sulla stessa pietra angolare della scienza: la bontà del sapere. È quello che, in *Etica della scienza pura*, chiamo "Principio di eusofia". Socrate esprime il principio con queste parole: «Esiste un solo bene, la scienza, è un solo male, l'ignoranza»[176]. Johann G. Fichte elabora una formula ancora più radicale: «La verità deve essere detta anche se il mondo dovesse andare in pezzi!»[177]. Ebbene, Rotblat e altri scienziati del Pugwash sembrano non esserne più convinti. Per loro, ci sono cose che sarebbe meglio non sapere. E, se si sanno, non dovrebbero essere dette[178].

Per quanto riguarda la tecnoetica, il risultato più evidente generato dalla comparsa della tecnologia nucleare è la codificazione della norma dell'impegno civile degli scienziati. Mentre in precedenza le riflessioni sui mali estrinseci della tecnica erano perlopiù appannaggio di filosofi e le decisioni sull'uso delle tecnologie erano affidate a politici, sul nucleare gli scienziati si mobilitano, come mai forse prima, per cercare di indirizzare l'uso delle proprie scoperte.

Ci pare anche di poter concludere che, nonostante tutti i problemi morali generati dalle tecnologie nucleari, non debba essere messo in dubbio il principio di "positività antropologica della tecnica" di cui parla Galvan. È vero che intorno alla questione nucleare si è sviluppata una marcata dissonanza culturale, una frattura della coscienza collettiva, uno stato di anomia senza precedenti. Nella società civile, c'è ormai chi

---

[176] Diogene Laerzio, *Vite e dottrine dei più celebri filosofi*, Milano 2006, p. 177.

[177] Citato da: F. Nietzsche, *Aurora e Frammenti postumi (1879-1881)*, Milano 1964, p. 197.

[178] Si badi che non è la prima volta nella storia che il principio di eusofia viene negato. In *Etica della scienza pura* mostro, anzi, tutte le difficoltà che i lavoratori della conoscenza hanno incontrato per affermarlo come fondamento della società. È, però, forse, la prima volta che degli scienziati naturali lo negano in modo aperto, in nome di valori diversi da quelli che sono alla base della loro stessa raison d'être.

ritiene che la tecnica sia un male intrinseco e chi continua a ritenere che sia un bene intrinseco. Un conflitto assiologico che, come abbiamo visto, è penetrato persino all'interno della comunità scientifica. Siamo, dunque, perfettamente coscienti del fatto che la positività antropologica della tecnica non è un principio autoevidente.

A nostro avviso, va però ancora tenuto presente che le applicazioni della fisica nucleare non sono limitate alla produzione di bombe o di energia elettrica. Negli anni Settanta, nei laboratori dell'ENEA (Ente Nazionale per l'Energia Atomica), per esempio, sono stati "creati" prodotti agricoli migliorati con la tecnica dell'irraggiamento. Tra questi vi è il grano Creso, molto coltivato in Italia e nel mondo, al punto che difficilmente si trovano oggi in circolazione pasta e spaghetti che non contengono derivati di questa pianta[179]. Oggi la produzione di nuovi esseri viventi non avviene più per mutagenesi, ma per transgenesi, tecnica alla base dei cosiddetti "organismi geneticamente modificati" (OGM)[180]. Molte questioni sono state sollevate in relazione a questa nuova tecnica, ma non a quella adottata dall'ENEA[181].

L'ingegneria nucleare trova inoltre applicazione nella medicina. A essa dobbiamo le macchine per i raggi X, la produzione di immagini tramite risonanza magnetica, o la tomografia a emissione di positroni (denominata PET, dall'inglese *Positron Emission Tomography*)[182]. Se vediamo la questione dal punto di vista dei malati che traggono beneficio da queste invenzioni, difficilmente possiamo sollevare dubbi etici in relazione all'applicazione diagnostica e terapica del nucleare. Perciò, ci pare di poter concludere che, se non è più bene che *tutti* sappiano certe cose, è ancora bene che *qualcuno* le sappia.

---

[179] L. Rossi, *Il Creso: il grano frutto della ricerca italiana*, «Rivista di agraria», n. 172, Agosto 2013.

[180] [Nota aggiunta] R. Campa, *Creatori e creature. Anatomia dei movimenti pro e contro gli OGM*, Deleyva Editore, Monza 2016.

[181] Questo, naturalmente, può anche essere dovuto al fatto che l'uomo comune non sa di nutrirsi da quarant'anni di cibo brevettato da ingegneri nucleari.

[182] A. H. Elgazzar, *A Coincise Guide to Nuclear Medicine*, Heidelberg 2011.

5. Bioetica (2017)

5.1. Premessa

È stato avviato recentemente anche in Italia un dibattito sulla cosiddetta "svolta empirica in bioetica" (*empirical turn in bioethics*). Per introdurre e giustificare un volume di studi empirici sulle famiglie delle persone in stato vegetativo permanente, Enrico Furlan ha caratterizzato la svolta in questi termini:

> Anche se fin dalle sue origini (tra la fine degli anni '60 e l'inizio degli anni '70) la bioetica è stata concepita e presentata come un'impresa strutturalmente interdisciplinare, va riconosciuto con franchezza che nei primi vent'anni della sua storia, essa è stata dominata soprattutto da filosofi e teologi. Fu principalmente a questi ultimi che in un primo tempo medici, scienziati e politici si rivolsero chiedendo come gestire le situazioni eticamente dubbie e come risolvere i nuovi dilemmi etici con cui essi si stavano scontrando. (…) Le altre discipline invece, specialmente le cosiddette scienze sociali, giocarono nei primi due decenni di storia di questo nuovo campo di indagine solamente un ruolo marginale (peraltro con buona soddisfazione di filosofi e teologi).[183]

In altre parole, la prospettiva assio-normativa ha dominato il campo sin dall'inizio, lasciando in posizione marginale quella analitico-descrittiva. Del resto, è innegabile che la bioetica – a partire dalle proposte biopolitiche di Platone e Aristotele per

---

[183] E. Furlan, *Ricerca empirica e riflessione normativa*, in E. Gius (a cura di), *Assistere presenze assenti. Una ricerca sulle famiglie di persone in stato vegetativo*, Franco Angeli, Milano 2014, p. 7.

arrivare alle battaglie dei nostri giorni sulla fecondazione in vitro o sul fine vita – ha sempre rivendicato e ricoperto un ruolo di indirizzo, prodromico all'elaborazione di leggi dello Stato in materia di riproduzione e cura dei corpi umani.

Tuttavia, si è fatta recentemente largo la convinzione che l'attività normativa non esaurisca il discorso bioetico, o, più precisamente, che studi incentrati principalmente o persino esclusivamente sulla ricostruzione e l'analisi di fatti e processi possano essere considerati "bioetici" a tutti gli effetti, anche se non contengono indicazioni sul "che fare", purché siano inerenti alle questioni tradizionalmente affrontate della bioetica.

Del resto, nel discorso bioetico – incluso quello di teologi e filosofi – non troviamo solo giudizi di valore, ma anche giudizi di fatto. Troviamo ricostruzioni di fatti medico-scientifici e storico-sociologici rilevanti per l'elaborazione di una proposta normativa e talvolta risolutivi del dibattito. Inoltre, è ben chiaro anche a filosofi e teologi che i giudizi di fatto e di valore prodotti dalle diverse dottrine bioetiche influenzano le dinamiche sociali e l'assetto della società, così come le dinamiche sociali e l'assetto della società influenzano le dottrine bioetiche. Lo studio di questo intreccio di "influenze" rappresenta tipicamente il campo di indagine della sociologia.

Furlan evidenzia che, a livello internazionale, l'allargamento della bioetica alle indagini empiriche è stato pienamente acquisito da un paio di decenni: «A partire dagli anni '90 (…) le cose cominciarono a cambiare: sociologi, psicologi, antropologi, etnografi ed epidemiologi iniziarono ad utilizzare le metodologie proprie delle rispettive scienze per indagare i fenomeni e le problematiche su cui si concentrava il dibattito bioetico. In alcuni casi la bioetica stessa divenne oggetto di studio in quanto nuovo fenomeno sociale»[184].

A supporto di questa tesi, l'autore fornisce un elenco di esempi di bioetica empirica in letteratura. All'interno di questa "svolta empirica", ci interessa in particolare la vicenda della prospettiva sociologica. Sebbene, all'estero, la dimensione sociologica della bioetica sia oggi riconosciuta da molti studiosi,

---

[184] Ivi, p. 9.

stupisce la paucità, se non la totale assenza, di studi dedicati alla *bioetica sociologica* o alla *sociologia della bioetica* in Italia. Le stesse espressioni "bioetica sociologica" e "sociologia della bioetica" sono utilizzate molto di rado nel nostro paese. Una rapida ricerca in rete rivela che non sono stati attivati corsi universitari con queste denominazioni, né sono stati pubblicati libri o articoli che riportino nel titolo queste espressioni. Il che, naturalmente, non prova la totale assenza, giacché non tutti i testi scientifici e le informazioni sono accessibili in rete, ma senz'altro prova che la prospettiva sociologica non ha nella letteratura in lingua italiana un impatto paragonabile a quello che ha nella letteratura in lingua inglese. Addirittura, è difficile trovare queste espressioni *all'interno* dei testi in lingua italiana, di qualunque tipologia, accessibili in rete. Poche sono le eccezioni. Di «sociologia della bioetica» si parla, per esempio, in un articolo di Armando Saponaro, che analizza la questione della riproduzione assistita nell'ottica della teoria dei sistemi di Luhmann[185]. L'espressione ricorre anche in un articolo di Mariachiara Tallacchini, ma, piuttosto significativamente, si accenna alla «sociologia della bioetica» per rimarcare l'assenza del suo referente reale.

Sarebbe interessante riflettere in modo più approfondito sul significato politico e sociale delle diverse ricostruzioni storiche e teoriche della bioetica, che alternativamente ne collocano l'origine o nella revisione dell'etica medica o nella rivoluzione tecnologica della biomedicina. Dietro a queste posizioni, infatti, si tende a riconoscere un peso maggiore, nel costituirsi del discorso bioetico, in un caso al riequilibrio dei poteri, nell'altro al riequilibrio dei saperi tra medico e paziente. Gli autori che hanno ricondotto storicamente e teoricamente ad unità le due diverse origini/fondamenti della bioetica – revisione del sapere/potere – scrivono perlopiù da punti di vista disciplinari esterni al contesto bioetico, come l'antropologia medica e gli

---

[185] A. Saponaro, *Contributo all'interpretazione sistemica della bioetica come fenomeno sociale: profili problematici e linee di ricerca*, «Studi di sociologia», Anno 38, Fasc. 4, Ottobre-Dicembre 2000, pp. 411-427.

studi sociali sulla scienza; mentre una sociologia della bioetica conosce ancora scarsa diffusione[186].

Eppure, se si effettua un'analoga ricerca in lingua inglese, in corrispondenza di "sociological bioethics" o di "sociology of bioethics" si trovano moltissimi risultati e, tra essi, anche corsi universitari con queste denominazioni. Non mancano manuali di sociologia medica precipuamente dedicati alle tematiche bioetiche, che rivelano una piena consapevolezza dell'apporto che la prospettiva sociologica dà e può dare al dibattito bioetico. Un fulgido esempio è offerto dall'introduzione di Barbara Katz Rothman a uno di questi manuali:

Ciò che fanno i sociologi è complicare l'ovvio, gettare uno sguardo critico su verità date per scontate, mettere in discussione postulati e non lasciare nessun fatto "ovvio" in piedi. (...) In una cultura che vuole negare il potere, concentriamo i nostri occhi sul potere. In America, un paese che nega attivamente l'esistenza delle classi, rivendicando l'identità della classe media per tutti, svolgiamo analisi basate sul concetto di classe. Osserviamo un'occupazione che postula, prima di tutto, il non fare del male e misuriamo i molti danni che fa. Studiamo le persone che si presentano come – e si sforzano di essere – benefattori di un'umanità malata, e ne mettiamo in luce un'immagine molto diversa. E ora volgiamo lo sguardo al campo stesso della bioetica. È particolarmente complicato: i bioeticisti, come i sociologi medici, stanno al di fuori della pratica medica e della ricerca e offrono una critica e un'analisi. I temi che per lungo tempo erano di competenza della sociologia medica sono stati assorbiti dalla bioetica: il rapporto medico-paziente, il concetto di sé nella malattia e i vincoli istituzionali alla pratica clinica. Sia a quel livello, sia al livello più radicato dei "problemi", dalla cura dei morenti alla creazione di embrioni, è sempre più probabile che la persona al capezzale che prende appunti, non in camice bianco, sia un bioeticista più che un sociologo medico. E, così, non stupisce che noi sociologi medici abbiamo iniziato a osservare gli stessi

---

[186] M. Tallacchini, *Democrazia come terapia: la governance tra medicina e società*, «Politeia», XXII, 81, p. 19.

bioeticisti, prendendo quell'occupazione come materia di studio e quella disciplina come un corpus di conoscenze da analizzare.[187]

Probabilmente, all'origine di questo disinteresse tematico c'è il fatto che la sociologia medica non ha mai conquistato in Italia un ruolo di prestigio paragonabile a quello che, per esempio, gode negli Stati Uniti d'America.

Inoltre, nel nostro paese, la bioetica è vista dal mondo cattolico come appartenente alla sfera del "sacro", se non altro perché si occupa statutariamente della "vita umana", della quale è postulata la sacralità. Ma anche il mondo laico, sacralizzando la libertà individuale, assume *ipso facto* un atteggiamento "religioso", uguale e contrario a quello cattolico. Come sottolineano Raymond Boudon e François Bourricaud, gli studi sociologici, per loro natura, tendono ad essere visti come dissacranti o sacrileghi, perché riducono a oggetto di studio anche il sacro e le opinioni sul sacro, assumendo come dato di fatto empirico l'esistenza di una *pluralità* di prospettive e, soprattutto, la loro possibile *relazione* con fattori socioeconomici[188].

Chi difende una posizione bioetica è spesso convinto di sposare l'unica autentica visione morale, mentre le opinioni contrarie sono trattate alla stregua di aberrazioni ideologiche. La sociologia scardina sin dal principio questa impostazione, mettendo le varie posizioni sullo stesso piano, proprio come il biologo mette, in senso letterale, tutti gli organismi che studia sul tavolino portaoggetti del microscopio. Inoltre – e soprattutto – il sociologo cerca di capire che cosa c'è *dietro* queste posizioni. Se filosofi e teologi, per capire la sostanza di un dibattito, per comprendere i perché di una posizione o dell'altra, più spesso seguono la traccia delle *dottrine*, o delle convinzioni ideali, sociologi ed economisti tendono invece a seguire la traccia dei *soldi*, o degli interessi materiali.

---

[187] B. Katz Rothman, E. M. Amstrong, R. Tiger (a cura di), *Bioetical Issues, Sociological Perspectives*, Elsevier, Amsterdam 2008, p. xi.

[188] R. Boudon, F. Bourricaud, *Dizionario critico di sociologia*, Armando Editore, Roma 1991, p. 392.

Entrambe le indagini sono legittime e reciprocamente complementari, ma la seconda attività investigativa va a toccare un tasto delicato, perché mette in questione l'immagine pubblica proposta dagli stessi protagonisti del dibattito. Il rischio è che i soggetti della discussione vadano a impantanarsi in reciproche accuse di sordidi motivi, inconfessati e inconfessabili. Si può dunque capire una certa indifferenza o addirittura diffidenza nei confronti di questa prospettiva di studio.

5.2. Bioetica sociologica e sociologia della bioetica: scopi e metodi

Come abbiamo visto poc'anzi, i rapporti tra bioetica e sociologia possono costituirsi in almeno due modi diversi, dando vita a campi di studio che abbiamo denominato "bioetica sociologica" e "sociologia della bioetica". Come Katz Rothman sottolinea, la bioetica sociologica non fa che sovrapporsi a un campo di studi che ha già una lunga storia, quello della sociologia medica. La bioetica sociologica studia, infatti, i fenomeni bioetici con i metodi quantitativi e qualitativi della sociologia. Per "fenomeni bioetici" intendiamo tutti i comportamenti eticamente controversi, ovvero giudicati giusti da alcuni e sbagliati da altri, legati ai tradizionali temi della bioetica. Per fare un esempio, il bioeticista tradizionale, di qualunque orientamento, di fronte a fenomeni come l'aborto, la fecondazione in vitro e il suicidio assistito, inizierebbe col chiedersi se essi sono moralmente accettabili o se sia giusto legalizzarli, mentre il bioeticista sociologico inizierebbe col chiedersi che incidenza statistica essi hanno, quali sono le motivazioni delle persone che ricorrono a queste pratiche, che relazione c'è tra questi comportamenti e altre caratteristiche degli attori sociali, come l'età, il reddito, il grado di istruzione, l'etnia, il credo religioso, ecc., lasciando a margine, o evitando del tutto, l'elaborazione di un proprio giudizio di valore.

Si parla invece di "sociologia della bioetica" quando oggetto di studio dei sociologi diventano gli stessi bioeticisti tradizionali, visti come operatori del settore medico o agenti nell'arena politica. In questo caso non siamo di fronte a una semplice ridenominazione di un'attività di ricerca che si svolge da tempo, ma ad un nuovo campo di indagine. Anche i bioeticisti e le loro dottrine possono essere studiati con metodi quantitativi e qualitativi. Può, per esempio, essere oggetto d'indagine il numero di bioeticisti che lavorano nel settore pubblico o privato, e altre loro caratteristiche come reddito, età, sesso, orientamento politico, credo religioso, ecc. Nella misura in cui sono le loro dottrine bioetiche ad essere analizzate, si entra nel campo della *Wissenssoziologie*, o sociologia della conoscenza. In questo campo di studio, il metodo d'indagine più utilizzato è quello dell'analisi del discorso.

Ci sono, naturalmente, molti modi di condurre l'analisi del discorso. Rosalind Gill ne enumera cinquantasette. È, comunque, generalmente accettato che tra gli obiettivi della *discourse analysis* ci sono i seguenti: «considerare il discorso e il linguaggio come produttivi della realtà sociale (il discorso non descrive semplicemente la realtà ma anche la crea)» ed «enfatizzare le funzioni retoriche del discorso (il discorso è finalizzato a sostenere una parte in conflitto)»[189]. La prospettiva sociologica è dunque funzionale non solo a ricostruire i fenomeni bioetici in termini avalutativi e metodologicamente rigorosi, ma anche a svelare la dimensione performativa e retorica dei discorsi bioetici. L'arte consiste nel capire *che cosa c'è dietro* un certo discorso. Anche chi discute di una questione senza mai formulare giudizi di valore può ricostruire i fatti in modo tale da fare prevalere una certa, implicita, prospettiva assiologica. In altre parole, si può assumere una posizione ideologicamente non neutra anche «lasciando parlare i fatti»[190].

Sia chiaro che anche filosofi e teologi talvolta svolgono, in modo impareggiabile, delle "analisi del discorso" così intese, senza aver mai letto un manuale di metodologia sociologica.

---

[189] R. Gill, *Discourse Analysis*, in M. Bauer, G. Gaskell (a cura di), *Qualitative Researching with Text, Image and Sound*, Sage, London 2000, pp. 174-176.

[190] M. Weber, *Scienza come vocazione e altri testi di etica e scienza sociale*, Franco Angeli, Milano 1996, pp. 66-67; R. Campa, *Storie di fine vita. Saggio sull'eutanasia*, La Carmelina, Roma-Ferrara 2014, pp. 132-133.

Anzi, possiamo dire che in alcuni casi i sociologi hanno appreso quest'arte dai filosofi, tanto è vero che tra i vari tipi di analisi del discorso c'è anche la cosiddetta *"Foucauldian discourse analysis"*[191]. Vi è, però, anche tutto un repertorio di tecniche di ricerca qualitativa e di *data analysis* che sono poco o punto conosciute dai bioeticisti di formazione filosofica e che, invece, sono d'uso comune tra i sociologi. Il repertorio comprende: interviste strutturate, interviste non strutturate, interviste etnografiche, focus group. Per quanto riguarda l'analisi dei dati, possiamo citare, a titolo d'esempio: analisi del contenuto, analisi narrativa, analisi della conversazione, analisi del discorso interazionale. Perciò, siamo convinti che estendere il carattere interdisciplinare della bioetica, per includere le scienze sociali, non può che portare benefici.

5.3. La questione della fallacia naturalistica

Per alcuni filosofi e teologi, lo stesso concetto di "bioetica sociologica" (o, più in generale, di "bioetica empirica") è un ossimoro, una contraddizione in termini, per ragioni squisitamente filosofiche. In altre parole, la resistenza nei confronti di questo tipo di studi si basa anche su un dubbio relativo alla legittimità epistemologica degli stessi. Questo dubbio trova terreno fertile sia nell'ambito della cultura di orientamento laico sia in quella di orientamento cattolico (o, se si preferisce, *pro-choice* e *pro-life*). Ed è proprio questo dubbio che vogliamo cercare di sciogliere.

Per esempio, nel campo laico, Jacques Monod si dichiara convinto che «i paesi occidentali, liberali e capitalistici, manifestano ancora un'adesione puramente formale a una nauseabonda mistura di religiosità giudeo-cristiana, di diritti "naturali" dell'uomo, di prosaico utilitarismo e di progressismo ottocentesco»[192] e sostiene, altresì, che la prospettiva empirica e

---

[191] A. B. Marvasti, *Qualitative Research in Sociology*, Sage Publications, London 2004, pp. 110-112.

[192] J. Monod, *Il caso e la necessità: saggio sulla filosofia naturale della biologia contemporanea*, Mondadori, Milano 1971, p. 93.

scientifica della biologia può dare un apporto fondamentale all'evoluzione dell'etica stessa. Ciononostante, riconosce anche che «per definizione e per funzione, un sistema di valori, un'etica deve definire non un "essere" ma un "dover essere": un alto ideale, uno scopo da perseguire *che non può essere l'uomo stesso*. Nessun sistema etico può essere puramente utilitaristico; pensarlo è un errore psicologico, una contraddizione in termini, la negazione della funzione stessa dell'etica»[193].

Analogamente, in campo cattolico, monsignor Elio Sgreccia, nel suo poderoso *Manuale di bioetica*, pur avendo idee piuttosto distanti da quelle di Monod, sottolinea con particolare insistenza che la bioetica ha statutariamente una funzione normativo-prescrittiva.

Se parliamo in termini di *priorità* statutaria, le posizioni metaetiche di Monod e Sgreccia sono difficilmente contestabili. Si possono però contestare gli argomenti sovente utilizzati per mettere completamente da parte la prospettiva sociologica.

Per esempio, Sgreccia sottolinea che «un primo tentativo di dare fondamento alla norma etica basato sui fatti (in netta opposizione con *la legge di Hume*) e con il risultato di relativizzare valori e norme, è rappresentato dall'orientamento sociologico-storicistico: si tratta della proposta di un'etica puramente descrittiva. Secondo tale prospettiva, la società nella sua evoluzione produce e cambia valori e norme, che sono funzionali al suo sviluppo, così come gli esseri viventi nella loro evoluzione biologica hanno sviluppato certi organi in vista della funzione e, in definitiva, per il miglioramento della propria esistenza. La teoria evoluzionista di Darwin viene a comporsi con il sociologismo di M. Weber e con il sociobiologismo di H. J. Heisenk e di E. O. Wilson»[194].

Come si può notare, secondo il prelato, il vizio di fondo di questo orientamento è che dà indicazioni sulle possibili linee d'azione violando la legge di Hume e cadendo nella cosiddetta "fallacia naturalistica"[195]. In altre parole, pretende di derivare il

---

[193] Ivi, p. 95.
[194] E. Sgreccia, *Manuale di bioetica. Vol. I. Fondamenti ed etica biomedica*, Vita e pensiero, Milano 2007, p. 62.

dover essere dall'*essere*, i quali sono su due piani logici distinti. L'aver dimostrato che gli uomini hanno sempre vissuto in un certo modo o che stanno vivendo in un certo modo, o che il loro modo di pensare e di vivere è il risultato di certe strutture socioeconomiche, non implica logicamente che quelle abitudini siano "buone" e che si debba continuare a pensare e vivere in quel modo.

Questa osservazione contiene una buona dose di verità, ma non dimostra la totale inutilità dell'approccio sociologico-storicistico. Il problema rilevato da Sgreccia, e prima di lui da David Hume e George Moore, si palesa soltanto in una circostanza specifica, quando appunto si vuole derivare una morale *oggettiva e universale* partendo da situazioni di fatto, ma vi sono almeno sei casi in cui questo indirizzo non cade affatto nella fallacia naturalistica. Vediamoli in dettaglio, tenendo presente che ognuna di queste sei situazioni parte da certi postulati che non sono da noi necessariamente condivisi, né formano nel loro complesso un sistema coerente.

4. Sei casi in cui non c'è violazione della Legge di Hume

Primo caso. Lo scienziato sociale che studia l'ethos – ovvero le norme di comportamento che sono affermate e *de facto* rispettate da un determinato gruppo sociale – può astenersi dal dare un giudizio su di esse non perché le approva e le propone a tutti, ma semplicemente perché non ritiene che sia suo compito emettere giudizi di valore. In una struttura sociale basata sulla specializzazione e la divisione del lavoro, anche di tipo accademico, il ricercatore può ritenere che quel compito spetti ad altri. Lo studio dello scienziato puro è guidato innanzitutto dalla curiosità di conoscere, dall'idea che la conoscenza è un bene e l'ignoranza un male, da quello possiamo chiamare "principio di eusofia"[196]. Conoscere e diffondere conoscenza è,

---

[195] G. E. Moore, *Principia Ethica*, cambridge University Press, Cambridge 1922, pp. 10-20.

[196] R. Campa, *Etica della scienza pura. Un percorso storico e critico*, Sestante Edizioni, Bergamo 2007, pp. 21-23.

per lo scienziato puro, un'azione autotelica, un imperativo categorico, un comportamento morale che basta a se stesso. Solo chi non vede, non sente, non riconosce il valore in sé della conoscenza, può trovare insensata una scienza inapplicata o inapplicabile. E di conseguenza può essere portato a ritenere che quello che è un genuino studio analitico-descrittivo contenga implicitamente una proposta normativo-prescrittiva. Ma se tale proposta non c'è a livello esplicito, non c'è nemmeno violazione della legge di Hume. È vero, come abbiamo detto sopra, che la propaganda ideologica può nascondersi anche dietro uno studio apparentemente avalutativo, unicamente basato su giudizi di fatto, selezionati però secondo certi presupposti. È possibile che questo accada, ma non è di per sé *una necessità*.

Secondo caso. La legge di Hume è vera soltanto se esiste il *libero arbitrio*. Se il mondo naturale e sociale fosse per ipotesi (ripetiamo: per ipotesi) deterministico in senso laplaciano, o almeno nel senso del riduzionismo sociobiologico, ovvero se gli eventi naturali ed umani si dispiegassero – per dirla con una suggestiva immagine di Emanuele Severino – come i fotogrammi della bobina di un film che viene semplicemente proiettato[197], e tutti i fatti che avvengono o avverranno sono già scritti nelle condizioni iniziali (negli atomi o nei geni), allora il dover essere deriverebbe davvero dall'essere. Tanto il determinismo quanto il libero arbitrio sono due ipotesi metafisiche, ossia di là da ogni verifica empirica. Sono ipotesi che richiedono *un atto di fede*, non meno della credenza nella regolarità della natura sulla quale si basa tutta la scienza[198]. Assumere come vera l'una o l'altra ipotesi è, in fin dei conti, una scelta "esistenziale", primordiale, che si riverbera sulla susseguente scelta dei metodi di indagine, che siano basati sulla spiegazione o sulla comprensione[199]. Quegli studiosi che hanno proposto un approccio sociologico-storicistico di matrice

---

[197] E. Severino, Parmenide, <filosofia.rai.it>, 19 febbraio 2017 (accesso).

[198] K. Popper, *Logica della scoperta scientifica. Il carattere autocorrettivo della scienza*, Einaudi, Torino 1970, pp. 277-279.

[199] G. H. von Wright, *Explanation and Understanding*, Routledge & Kegan Paul, London 1971, p. 32.

deterministica possono aver proposto un'immagine del mondo che a molti non piace, ma sul piano squisitamente logico non sono caduti nella fallacia naturalistica, giacché in quella prospettiva un'istanza normativo-prescrittiva libera e autonoma è del tutto illusoria.

Per avvicinarci alle tematiche bioetiche, sappiamo per esempio che i conservatori tendono ad assumere posizioni *pro-life* mentre i progressisti si assestano in genere su posizioni *pro-choice*. Ebbene, alcuni studi sociobiologici hanno recentemente cercato di dimostrare che conservatori o progressisti si nasce, non si diventa. Sono stati eseguiti esperimenti utilizzando "eye trackers" e altri dispositivi per misurare la risposta involontaria a stimoli visivi di cittadini politicamente orientati e hanno scoperto che i conservatori ("conservative") rispondono più rapidamente agli stimoli minacciosi e avversi rispetto ai progressisti ("liberal"). Uno studio pubblicato su *Science* riporta che a quarantasei partecipanti con forti convinzioni politiche sono state mostrate immagini repellenti – come un ragno molto grande sul volto di una persona spaventata, un individuo stordito con una faccia sanguinante e una ferita aperta con dei vermi – ed è stato verificato che la risposta ha basi biologiche, ovvero che ci son prove di correlazione tra orientamento politico e tratti fisiologici[200]. In uno studio analogo, è stata avanzata l'ipotesi che la forma mentis dei conservatori dipenda da una conformazione genetica formatasi nel Pleistocene, un periodo che si dispiega tra 2,5 milioni di anni e 12.000 anni dal presente, quando avere un forte pregiudizio di negatività ("strong negativity bias") poteva essere essenziale alla sopravvivenza. I progressisti sarebbero invece "mutanti" formatisi negli ultimi 12.000 anni, dunque in corrispondenza con l'era neolitica, caratterizzata da meno pericoli. Per tale ragione sarebbero più aperti ai cambiamenti e meno ossessionati da questioni come l'ordine e la sicurezza[201].

---

[200] D. R. Oxley, K. B. Smith, J. R. Alford, M. V. Hibbing, J. L. Miller, M. Scalora, P. K. Hatemi, J. R. Hibbing, *Political Attitudes Vary with Physiological Traits*, «Science», 321, 2008, p. 1667.

[201] J. R. Hibbing, K. B. Smith, J. R. Alford, *Differences in negativity bias*

Se questo fosse vero, le argomentazioni etiche non potrebbero mai essere persuasive, ma si limiterebbero a razionalizzare *ex post facto* una risposta emotiva che è già scritta nei geni. In altre parole, ogni bioeticista non potrà che parlare ai convertiti. Il suo apporto non sarà inutile, perché l'esito finale dello scontro dipenderà anche dalla qualità e dalla quantità delle "truppe" che ogni schieramento saprà mobilitare, ma ogni militante che sarà convinto a entrare sul "campo di battaglia" lo farà impugnando quella bandiera che era *programmato* ad impugnare. L'alternativa poteva essere solo il disimpegno.

Naturalmente, quella del "cervello progressista" e del "cervello conservatore"[202] è una materia assai controversa che si scontra anche con dati empirici anomali (per esempio, la fluttuazione di una parte dell'elettorato o la presenza di una pluralità di dottrine politiche complesse e non riducibili a due opzioni), ma si tratta comunque di una possibilità teorica che non può essere scansata col semplice gesto di una mano, solo perché disturba le coscienze.

Terzo caso. Ammesso che lo scienziato sociale descriva un ethos (un costume sociale, una consuetudine, un codice morale in azione) al fine confessato di proporlo come modello di comportamento, la fallacia naturalistica scatta soltanto se la proposta è intesa come un obbligo vincolante *per tutti*, che trova fondamento proprio in quei fatti. Quello dell'oggettività e dell'universalità del codice etico (al singolare) è un elemento fondamentale della prospettiva cristiana – e, perciò, monsignor Sgreccia avverte giustamente il problema, dal suo punto di vista – ma non si tratta di un postulato accettato da tutti. Le osservazioni sociologico-storicistiche possono, infatti, fungere da base di partenza per elaborare un'etica normativa che non ha ambizioni di necessità e universalità. Se si rinuncia in partenza al *dover essere*, per proclamare soltanto un *poter essere* (io ti

---

underlie variations in political ideology, «Behavioral and Brain Sciences», Volume 37, Issue 03, June 2014, pp. 297-307.

[202] M. B. C. Garzia, *Dalle neuroscienze cognitive alla sociologia*, «Quaderni del Dipartimento di Sociologia e Ricerca Sociale», n. 55, Aprile 2011, pp. 18-19.

mostro qual è il trend sociobiologico e ti consiglio di seguirlo, ma in ultima istanza resta una tua libera scelta) non sussiste alcun problema logico. Il fatto che sia sempre stato così non implica che *debba* sempre essere così. Questo è vero. Ma, d'altro canto, non esclude nemmeno che *possa* ancora essere così, se qualcuno lo vuole.

Questa è, per esempio, la prospettiva di Jacques Monod, il quale parte da un'osservazione della realtà sociobiologica, ma non per definire un'etica che *si impone* all'uomo di necessità. Per sfuggire a ogni tentazione animistica, egli dichiara infatti il carattere assiomatico e – in qualche misura – arbitrario di qualunque codice etico, anche quello che lui stesso accetta e propone. Seguiamolo nel ragionamento. Innanzitutto, secondo Monod, «i sistemi animistici (…) hanno tutti più o meno voluto ignorare, avvilire o reprimere l'uomo biologico, provocare in lui orrore e terrore di alcuni aspetti relativi alla sua condizione animale. L'etica della conoscenza, al contrario, incoraggia l'uomo a rispettare e ad accettare questo retaggio pur riuscendo, quando è il caso, a dominarlo. Riguardo le più elevate qualità umane – il coraggio, l'altruismo, la generosità, l'ambizione creatrice – essa, pur riconoscendone l'origine sociobiologica, ne afferma anche il valore trascendente al servizio dell'ideale che definisce»[203].

Le dimensioni analitico-descrittiva e assiologico-normativa si compongono, dunque, nel pensiero di Monod in modo del tutto peculiare. Proprio grazie allo studio scientifico dei comportamenti umani, l'uomo può «rendersi conto che al di fuori di lui non ci sono, e non possono esserci, nessuna fonte e nessun criterio divini, storici o naturali per i suoi valori. Lui soltanto li crea, li definisce e li plasma. Ciò equivale a dire che, per ricostruire le basi di un sistema di valori su cui possa fondarsi la vita sociale, politica e personale dell'uomo nell'epoca della scienza, dobbiamo prima di tutto fare veramente *tabula rasa*, dobbiamo andare più avanti e più a fondo di quanto implichi la frase profetica di Nietzsche: "Gott ist tot". Non

---

[203] J. Monod, *Il caso e la necessità*, cit., p. 142.

soltanto, infatti, "Dio è morto", ma sono morti anche i suoi diversi succedanei, romantici, storicisti, progressisti»[204].

A questo punto, dobbiamo avere il coraggio di trarre le dovute conclusioni dalle premesse. Da esse consegue che, «nell'epoca della scienza nella quale non è ormai più difendibile nessuna delle ipotesi trascendenti tradizionali che avevano la funzione di definire uno scopo o un imperativo sovrumani, noi dobbiamo fare la stessa cosa, costruire un analogo sistema di valori, ma con una premessa essenziale: noi sapremo, e dichiareremo, che la nostra scelta è deliberata, cioè assiomatica, nei fatti come nelle intenzioni»[205]. Chi avrà il coraggio di percorrere questa strada approderà a «un'etica conquistatrice e, per certi aspetti, nietzschiana, perché è una volontà di potenza: ma di una potenza confinata solo nella noosfera»[206].

Quarto caso. Si può anche voler conoscere l'etica reale, l'ethos, attraverso un'indagine storico-sociologica, non per proporne la perpetuazione, ma per *cambiare il mondo*. Per esempio, questo è il proposito di Karl Marx e Friedrich Engels, quando studiano i valori egemonici della borghesia nella società capitalistica. In questo caso, non si deriva il dover essere dall'essere, ma dalla negazione dell'essere. È vero tuttavia che l'essere che appare è considerato una negazione del *vero essere* e, perciò, la negazione della negazione consiste in un'operazione ancora più ardita della semplice violazione della legge di Hume. Nota, infatti, Luciano Pellicani che «attribuire alla storia un fine ultimo, che per di più corrisponde a ciò che l'umanità più ardentemente sogna – il "superamento dell'alienazione" –, equivale a ricadere di peso dentro la prelogica affettiva del pensiero animistico»[207]. Del resto, il carattere fondamentalmente animistico del marxismo è stato notato anche da Monod. Perciò, Eugenio Ripepe ha concluso che a Marx «è riuscita la

---

[204] J. Monod, *Per un'etica della conoscenza*, Bollati Boringhieri, Torino 1990, p. 94.

[205] Ivi, p. 95.

[206] Ivi, p. 115.

[207] L. Pellicani, *La società dei giusti. Parabola storica dello gnosticismo rivoluzionario*, Rubbettino, Soveria Mannelli 2021, p. 293.

mirabolante impresa di aggirare la legge di Hume in senso inverso, [...] cioè di far discendere l'essere (necessariamente) dal dover essere e di coniugare le suggestioni dell'utopia con le certezze della scienza»[208].

Il marxismo resta però un caso *sui generis* di studio analitico-descrittivo finalizzato alla trasformazione del mondo. Gran parte del pensiero politico rientra nella stessa categoria, ma senza ricadere nell'animismo, nella fallacia naturalistica o nel tentativo di aggirarla *in senso inverso*, perché rifugge da ogni determinismo. Lo stesso determinismo all'interno del marxismo è, peraltro, un argomento ancora dibattuto e controverso[209].

Quinto caso. Non di rado le analisi storico-sociologiche mettono in luce situazioni di anomia, anarchia, caos assio-normativo, conflitto sociale. Non si può certo dire che cada nella fallacia naturalistica chi descrive e analizza queste situazioni, dato che dalla descrizione dei fatti non deriva alcuna indicazione chiara sulla linea di condotta da intraprendere. Quand'anche lo scienziato sociale confessi di preferire una tra le varie proposte etico-politiche in competizione, proprio perché la preferenza è espressa in un quadro relativistico e pluralistico, risulta piuttosto evidente che essa non può (né intende) trarre forza o necessità dalla situazione di fatto descritta. In altre parole, chi dovesse descrivere il conflitto tra laici e cattolici in tema di aborto o eutanasia, fecondazione assistita o cellule staminali, senza prendere posizione, ma cercando magari di scoprire le determinanti socioeconomiche o sociobiologiche dello scontro ideologico, non viola in alcun senso la legge di Hume.

Sesto caso. Vi sono situazioni di anomia o dissonanza culturale, vale a dire situazioni in cui due gruppi sociali entrano in conflitto perché non sono d'accordo sui valori fondamentali che dovrebbero ispirare "la buona vita". Friedrich Nietzsche è forse il filosofo che più di ogni altro è riuscito a mettere in luce

---

[208] E. Ripepe, *Socialismo reale e marxismo reale*, «Mondoperaio», n. 1, 1992, p. 95.

[209] R. Campa, *Una storia di lotte o una lotta di storie? Il ruolo delle idee nella sociologia storica di Karl Marx*, «Orbis Idearum. European Journal of the History of Ideas», Vol. 3, Issue 2, 2015, pp. 1-51.

l'alterità tra le virtù aristocratiche fondate sulla volontà di potenza – che a suo dire troviamo nei Greci, nei Romani e negli Italiani del Rinascimento – e la morale cristiana fondata sul *contempus mundi*, ovvero su una negazione dei valori mondani che trova compimento negli ideali della carità, della rinuncia, della sofferenza terrena, in vista di un premio *post mortem* e di una vendetta finale affidata alla divinità. Come sottolinea Mario Perniola, «la morale [cristiana] nasce, secondo Nietzsche, dalla pretesa di conservare e di mantenere in vita ciò che è stato condannato dalla storia, ciò che è "malato", "maturo per il tramonto", fallito sul piano dei fatti, creando un nuovo ambito per definizione distinto dalla realtà, che è appunto quello dell'ideale, del dover essere, del valore»[210]. Per chiarire con un esempio: Nietzsche e Lutero sono d'accordo su ciò che *ha fatto* Alessandro VI, ma mentre per il primo questo papa rappresenta la punta più alta raggiunta dal cristianesimo, per avere riportato in vita le virtù mondane, per Lutero egli rappresenta il punto più basso della storia del cristianesimo, per avere negato i valori paleocristiani. C'è accordo sui fatti, non sui valori.

Accanto a questa situazione di conflitto assiologico tra "morale dei signori" e "morale degli schiavi", apparentemente insanabile, vi sono però anche situazioni in cui vi è un accordo sostanziale sui valori, ma non sui fatti da valutare. Il che significa che l'approccio analitico-descrittivo può, in linea di principio, risultare persuasivo e risolutivo della controversia. In altre parole, in questa specifica circostanza – ove resta inteso che fatti e valori sono su due piani logici distinti e la *source* dei valori non è nei fatti – si può sostenere una posizione bioetica senza mai uscire dal perimetro del discorso fattuale e senza violare la legge di Hume. Un esempio può aiutare a capire. Laici e cattolici, pur litigando quasi su tutto, sembrano essere d'accordo sul principio dell'immoralità dell'eutanasia diretta e autoritaria, ovvero decisa dal medico o da una autorità giudiziaria senza il consenso del paziente. Se, in un determinato caso medico, fosse stabilito senza ombra di dubbio, a livello

---

[210] M. Perniola, *Introduzione*, in F. Nietzsche, *L'Anticristo*, Newton Compton, Roma 2013, p. 7.

fattuale, che c'è stata eutanasia diretta e autoritaria, laici e cattolici dovrebbero convergere sullo stesso giudizio di condanna.

5.5. Conclusioni

In conclusione, possiamo senz'altro convenire che l'analisi etica di indirizzo sociologico-storicistico è insufficiente in termini fondativi, ma ciò non significa che essa sia inutile o fallace. Se non altro, per acquisire piena consapevolezza del proprio compito, la bioetica normativa ha bisogno di una *bioetica sociologica* capace di fornire analisi qualitative e quantitative dei fatti e dei processi che i bioeticisti tradizionali sono poi chiamati a valutare e indirizzare, e di una *sociologia delle bioetiche* (al plurale) capace di ricostruire, descrivere, analizzare le dottrine bioetiche in rapporto al contesto storico-sociale in cui emergono.

Non si tratta solo di riconoscere che l'attività analitico-descrittiva è propedeutica all'elaborazione di un'etica normativa (in senso debole o forte), ossia di prendere atto che non si può procedere a una valutazione dei fatti, se prima non si conoscono i fatti, che siano quelli medico-scientifici o quelli storico-sociologici. La questione fondamentale è che – anche lasciando fuori ogni determinismo e ogni sociologismo – solo comprendendo fino in fondo i condizionamenti sociali cui tutti noi siamo sottoposti, possiamo liberarci, in certa misura, da essi. Anche quando assumiamo il ruolo di bioeticisti.

In altri termini, per elaborare una linea d'azione bioetica pienamente consapevole ed efficace, è di grande vantaggio conoscere tre coordinate che solo le scienze sociali possono fornirci: 1) da dove provengono le nostre idee e i nostri valori; 2) dove siamo posizionati nel processo storico-sociale o persino sociobiologico; e, infine, 3) dove possiamo andare e dove non possiamo andare, dato questo posizionamento.

6. Tecnoetica (2019)

6.1. Premessa

Nella storia delle idee è sempre presente il dilemma se si debba cominciare la narrazione dalla comparsa del termine che indica il concetto, o se si debba invece cominciare dal concetto, a prescindere dall'esistenza di un termine convenzionalmente accettato per significarlo. Possiamo dire che per ogni idea c'è una preistoria (prima della parola) e una storia (dopo la parola). In questo articolo ci occuperemo prevalentemente della *storia* della "tecnoetica", dedicando alla *preistoria* solo un cenno. Anche se riflessioni di carattere etico o morale – termini che a noi piace utilizzare come sinonimi, in ossequio agli etimi – sull'utilizzo di determinate tecniche, oggetti artificiali, macchine, o utensili, sono verosimilmente antiche quanto l'uomo, è relativamente nuova l'esigenza di organizzare queste riflessioni in un campo di studio definito, con una denominazione convenzionalmente accettata e il necessario corredo di istituzioni accademiche, corsi universitari, pubblicazioni e simposi internazionali. Uno dei termini-ombrello che è stato proposto per indicare l'insieme di queste riflessioni, e che ha ricevuto un apprezzabile consenso, è "tecnoetica". Tutto fa pensare che quest'area di ricerca sia avviata a diventare una disciplina autonoma, simile alla bioetica e ad essa complementare.

6.2. Un cenno alla preistoria della tecnoetica

Come ha convincentemente mostrato Lucio Russo[211], l'umanità aveva già conosciuto una rivoluzione scientifica nell'epoca ellenistica e, in particolare nel IV e III secolo a.C. Il principale centro culturale in quei due secoli era Alessandria d'Egitto, ove sorgevano il Museo e la leggendaria Biblioteca. Detta rivoluzione aveva portato ad accumulare più di mezzo milione di libri nella biblioteca della città greco-egiziana (qualcuno ha fissato il computo a 700.000 volumi), molti dei quali riguardavano le scienze e le tecniche. Eduard van Dijksterhius ha parlato di "fallimento tecnologico" dell'Antichità, perché non si ebbe all'epoca una rivoluzione industriale, nonostante tutti i presupposti tecnico-scientifici di un cambiamento del modo di produzione fossero già presenti[212]. Gli ingegneri dell'epoca avevano già scoperto il principio del vapore e costruivano macchine dotate di sofisticati meccanismi idraulico-meccanici. Del resto, sono ben noti i trattati di pneumatica e scienza dell'automazione redatti da Erone di Alessandria intorno all'anno zero, che raccolgono e sviluppano le conoscenze tecniche dell'era ellenistica[213]. Tuttavia, è opinione diffusa che queste macchine fossero costruite soltanto al fine di meravigliare, divertire gli spettatori, mostrare il genio dell'inventore – un'opinione che si è fatta spazio anche nella manualistica[214]. Il fattore che avrebbe impedito la sistematica applicazione delle scienze e delle tecniche alla produzione industriale è stato individuato nella presenza del sistema schiavistico che garantiva manodopera a basso costo in abbondanza. Non sappiamo se questa spiegazione marxiana possa essere considerata esaustiva, ma ci preme sottolineare che essa non cancella tre fatti essenziali: 1) l'ingegneria dell'epoca era piuttosto avanzata e, in certi campi, ben più avanzata di quanto lo sarebbe stata in futuro e in particolare nell'Alto

---

[211] L. Russo, *La rivoluzione dimenticata. Il pensiero scientifico greco e la scienza moderna*, Feltrinelli, Milano 2006.

[212] E. J. Dijksterhuis, *Il meccanicismo e l'immagine del mondo dai presocratici a Newton*, ed. Feltrinelli, Milano 1980.

[213] Erone di Alessandria, *De gli automati, overo machine semoventi*, Girolamo Porro, Venezia 1589; Erone di Alessandria, *Pneumatica*, Fratelli Bartholomeo e Simone Ragusij, Urbino 1592.

[214] U. Nicola, *Atlante di filosofia*, Demetra, Colognola ai Colli 1999, pp. 158-159.

Medioevo, il che dovrebbe indurre ad archiviare una volta per tutte l'idea del progresso lineare dell'umanità; 2) nei campi in cui la manodopera non poteva supplire alla tecnologia (per esempio, macchine di precisione come il meccanismo di Anticitera o la vite di Archimede), quest'ultima era utilizzata anche a fini pratici e non solo ludici; 3) il successivo declino della civiltà occidentale può essere spiegato anche con la perdita di quell'antico patrimonio di conoscenze, dovuto al rogo e della Biblioteca di Alessandria, alla diffusione di filosofie e religioni fondate sul *contemptus mundi*, e alle invasioni barbariche.

La prima rivoluzione scientifica fu preparata dalla cultura greca, in senso lato. Non stupisce allora trovare germi di tecnoetica già negli antichi miti di quella civiltà. Una discussione etica si avvia quando un comportamento è avvertito da qualcuno, a torto o a ragione, come *un problema*. Che la tecnologia fosse un'arma a doppio taglio, in grado di risolvere un problema e generarne un altro, è una questione che emerge chiaramente – per fare solo un esempio – nel mito di Dedalo e Icaro. Si badi che questo mito, contrariamente a ciò che in genere si pensa, non esprime una valutazione negativa della tecnica. Non è un invito a rinunciare al potenziamento tecnologico. Se è vero, infatti, che Icaro muore perché non riesce a contenere la sua hybris e si avvicina troppo al sole, è anche vero che grazie alle ali artificiali Dedalo salva la propria vita. La questione che viene posta è, dunque, l'uso della tecnica secondo certe regole di prudenza – che è propriamente la questione centrale della tecnoetica.

Epperò, se andiamo a sfogliare la letteratura filosofica e teologica della tarda Antichità e dell'Alto Medioevo scopriamo che a costituire un problema, per molti (non per tutti, sia chiaro), era la *scienza pura*, più che la *scienza applicata*. La cosiddetta "scienza greca" era avvertita come una minaccia dalle sette religiose orientaleggianti e, almeno inizialmente, dalla stessa religione cristiana[215]. Il rifiuto dei filosofi classici e degli

---

[215] [Nota aggiunta] Tertulliano accusa Erofilo di essere un "macellaio", perché si dedica alla vivisezione umana: sacrifica la vita di condannati a morte per scoprire i segreti della fisiologia umana. Cfr. R. Campa, *Esperimenti letali*.

scienziati alessandrini di riconoscere un limite invalicabile dell'indagine razionale ed empirica spiega la condanna della scienza teorica espressa dai Padri della Chiesa – questione che abbiamo già minuziosamente analizzato nel libro *Etica della scienza pura*[216].

L'indagine scientifica è poi rinata nei paesi arabi, trovando in Baghdad il proprio cuore pulsante, e nella stessa Cristianità che, riconciliatasi con la scienza dei pagani, ha dapprima salvaguardato il patrimonio antico grazie alla preziosa opera dei monaci amanuensi e, poi, a partire dal Basso Medioevo, ha incorporato la conoscenza superstite nella propria dottrina e l'ha sviluppata, grazie al lavoro teorico degli Scolastici. Dopo il declino della scienza alessandrina, la ricerca scientifica e le tecniche hanno marciato per lo più in modo separato. Nel Medioevo, le tecniche erano coltivate e sviluppate dagli artigiani, mentre le questioni scientifiche già poste da Aristotele erano discusse su un piano squisitamente teorico, per lo più da chierici. Questo schema generale non deve però farci dimenticare che, nello stesso periodo, si riscontra anche un diffuso interesse per l'alchimia, che rappresenta un punto d'incontro tra tecniche e conoscenze teoriche, per quanto molte di esse siano oggi considerate prescientifiche (in particolare quelle di natura magico-astrologica). Si badi che l'alchimia non deve essere ridotta alla ricerca dell'elisir di lunga vita e della pietra filosofale. Poiché nessun alchimista è riuscito a trasformare i metalli in oro o a sconfiggere la morte, se si vede solo in questa prospettiva, l'alchimia rischia di apparire un'impresa chimerica e sostanzialmente fallimentare. Invece, dal laboratorio dell'alchimista medievale escono anche gli acidi, la polvere da sparo, le lenti d'ingrandimento, gli occhiali e tante altre piccole scoperte di indubbia utilità. Per fare solo qualche nome, gli scritti di Ruggero Bacone, Alberto Magno, Raimondo Lullo, autentici o apocrifi che siano, nonostante gli errori teorici

---

Storia episodica della vivisezione umana e dell'etica medica, Orbis Idearum Press, Cracovia 2022, p. 19.

[216] R. Campa, *Etica della scienza pura. Un percorso storico e critico*, Sestante Edizioni, Bergamo 2007.

in essi contenuti, costituiscono un passo essenziale sulla strada che conduce alla nascita della chimica sperimentale.

Ebbene, per venire al punto, le tecniche e le scoperte degli alchimisti sono oggetto di riflessione etica e pure di condanna da parte delle autorità del tempo. È chiaro che, essendo difficile distinguere nelle procedure alchemiche la dimensione pratica da quella religiosa, magica e astrologica, è anche difficile capire se le condanne emesse dalle gerarchie ecclesiastiche fossero suscitate da un sentimento tecnofobico, ossia dalla paura del potere tecnico degli alchimisti, o dal timore di una deviazione dall'ortodossia religiosa, o da entrambi gli aspetti congiunti. Rappresentativo è il caso del frate francescano Ruggero Bacone, da molti ritenuto il padre della scienza sperimentale, costretto a trascorrere gli ultimi anni della sua vita incatenato in una cella, in completo isolamento. Brian Clegg, autore di una biografia di Bacone, ricorda che non sono noti capi d'accusa mossi nei confronti del francescano, né le circostanze esatte della sua incarcerazione, tuttavia egli aveva fama (o infamia) di mago, nonostante i suoi sforzi per convincere gli uomini del suo tempo che l'alchimia non avesse nulla in comune con la magia nera. Le esplosioni che illuminavano il suo laboratorio e le vampate di zolfo che impregnavano i suoi vestiti non erano certamente frutto di un patto col Diavolo, come si sarebbe potuto pensare, ma all'epoca era difficile convincere del contrario gli inquisitori[217].

Scienza e tecnica hanno ricominciato a marciare unite con la seconda rivoluzione scientifica, quella avvenuta tra la fine del XVI e l'inizio del XVIII secolo. A innescare la rinascita della scienza ha concorso anche il recupero di molte opere alessandrine conservate nell'Impero Romano d'Oriente e rimaste sconosciute in Occidente per mille anni. Scoperte e invenzioni degli scienziati alessandrini sono state recuperate a partire dalla metà del Trecento, «quando un flusso di scritti greci

---

[217] «If Bacon were in the habit of letting off gunpowder charges, it would be easy to see how this would have attracted accusations of diabolical collusion. You would even be able to smell traces of the Devil's favourite perfume, brimstone (sulphur), on his clothes». B. Clegg, *The First Scientist. A Life of Roger Bacon*, Constable & Robinson, London 2003, pp. 174-175.

provenienti da Costantinopoli si diresse in Italia, e da qui nel resto d'Europa, provocando quello che è detto il *Rinascimento* per antonomasia. Il flusso si intensificò nel primo Quattrocento. Duecentotrentotto furono, per esempio, i manoscritti portati da Giovanni Aurispa nel viaggio del 1423»[218]. La caduta di Costantinopoli in mano turca, nel 1453, accelerò il processo di trasferimento di idee da Oriente a Occidente.

Nel clima della rivoluzione scientifica nasce una nuova convinzione: la bontà della "tecnologia" (con questo termine intendiamo qui l'insieme delle tecniche che sono basate su conoscenze scientifiche e non meramente su conoscenze pratiche). È, soprattutto, Francesco Bacone a compiere questo passo. Il filosofo britannico afferma che le tecniche di cui ora disponiamo – per esempio la bussola, l'arte tipografica e la polvere da sparo – hanno rivoluzionato il mondo molto più della conoscenza retorico-letteraria, eppure sono state scoperte quasi casuali. È arrivato il momento di fare sistematicamente ciò che in certa misura già facevano, mille anni prima, gli scienziati alessandrini, vale a dire mettere la scienza al servizio della tecnica. Solo quest'unione produce il vero sapere. Quando riusciremo a compiere questo passo, spiega Bacone, il mondo cambierà completamente, perché *sapere è potere*. Possiamo dire che Bacone, con la propria filosofia, propone una dottrina tecnoetica *ante litteram* che – in rottura con l'equilibrato pensiero antico e con il sospettoso pensiero medievale – esalta gli aspetti positivi della tecnologia, ignorandone però i rischi, i pericoli, gli effetti collaterali indesiderati.

Per vedere gli effetti concreti dell'unione tra scienza teorica e applicazioni tecniche si dovrà attendere ancora più di un secolo. È, infatti, nel XVIII secolo, non a caso in Inghilterra, la patria di Bacone, che ha inizio la rivoluzione industriale. La scienza è dunque rimasta prevalentemente "pura", teorica, e dunque spirituale nel senso più autentico del termine, perché finalizzata alla sola conoscenza della realtà (e perlopiù con la tecnica al proprio servizio: si pensi al cannocchiale di Galileo Galilei) fino al positivismo e alla rivoluzione industriale. Dopodiché si sono

---

[218] L. Russo, *La rivoluzione dimenticata*, cit., p. 387.

capovolti i rapporti di forza e la scienza si è votata al servizio dell'industria[219].

È in questo momento che le riflessioni sugli effetti benigni o maligni della tecnica si intensificano. Le giustificazioni che stanno alla base delle rivolte dei luddisti, ossia degli operai che si vedono privati del lavoro e dunque dei mezzi di sostentamento, in seguito all'introduzione di macchine industriali negli opifici, possono essere viste proprio come istanze di tecnoetica. Certamente, la distruzione delle macchine da parte dei lavoratori è una risposta perlopiù istintiva, viscerale, poco meditata, ma è comunque basata su una valutazione morale. Il problema è che, mancando una riflessione teorica, non sappiamo fino a che punto l'operaio percepisca come immorale l'uso della macchina da parte del capitalista, pronto ad affamare i disperati pur di massimizzare il profitto, o consideri maligna la macchina stessa. O entrambe le cose. La questione degli effetti indesiderati generati dalla massiccia introduzione di macchine nel tessuto produttivo (sfruttamento, disoccupazione tecnologica, alienazione, ecc.), nel XIX secolo, sarà poi discussa in dettaglio da Karl Marx, sulla scia di David Ricardo, non solo nella sua dimensione economica, ma anche etico-politica[220]. Com'è noto, Marx invita gli operai ad appropriarsi dei mezzi di produzione, degli utensili, dei macchinari, invece di distruggerli. Agli occhi del filosofo di Treviri, la tecnologia è un bene intrinseco, mentre il male si annida nei rapporti di produzione capitalistici.

La tecnoscienza dell'era contemporanea rappresenta il trionfo della prospettiva prassica e positivistica che pone la scienza di base al servizio della tecnologia. Oggi, ogni qual volta un team di ricercatori elabora una richiesta di finanziamento a un'autorità politica, difficilmente può

---

[219] [Nota aggiunta] Il cambiamento dei rapporti di forza è coinciso con il ribaltamento delle gerarchie pedagogiche tra arti liberali e arti meccaniche. Cfr. R. Campa, *Perfezionamento e meccanizzazione. Lezioni dalla sociologia dell'educazione*, «Orbis Idearum», 9(1), 2021, pp. 87-120.

[220] Campa R., *Disoccupazione tecnologica. La lezione dimenticata di Karl Marx*, «Orbis Idearum. European Journal of the History of Ideas», Vol. 5, Issue 2, 2017, pp. 53-71.

convincerla a stanziare fondi se si limita a dire che si vuole conoscere a fondo un fenomeno per soddisfare una legittima curiosità e un desiderio di crescita spirituale. Il *grant* ha maggiori probabilità di essere approvato, se il progetto indica chiaramente quali sono i benefici pratici che la ricerca potrebbe portare alla propria istituzione, alla propria nazione, o all'umanità intera. Questa è una regola ben nota all'interno della comunità scientifica. Ebbene, una tecnica basata sulla scienza – quella che Charles P. Snow aveva definito significativamente «the real thing»[221] (letteralmente «la cosa vera», ovvero «ciò che davvero conta») – è assolutamente rivoluzionaria sul piano sociale e richiede un'adeguata riflessione morale. Di qui la nascita della tecnoetica.

6.3. Nascita del termine "tecnoetica"

Il primo uso di cui si ha traccia del termine "tecnoetica" (o, meglio, di un suo equivalente in lingua inglese) risale al 1971. È l'ingegnere chimico e teologo Norman Faramelli a introdurre il termine *technethics*, senza la "o", per indicare un'etica generale della tecnologia[222]. Essendo Faramelli un teologo e sacerdote della Chiesa episcopale, il quadro teorico da lui proposto per valutare la costruzione e l'uso di nuove tecnologie è quello della dottrina cristiana. Due anni più tardi, il termine "technethics" viene proposto nuovamente, nel *Britannica Book of the Year 1973*, con il seguente significato: «The responsible use of science, technology and ethics in a society shaped by technology» (L'uso responsabile della scienza, della tecnologia e dell'etica in una società informata dalla tecnologia)[223]. L'autore della voce enciclopedica non fa alcun riferimento a Faramelli e, pertanto, non sappiamo se si tratti di una proposta indipendente o di un esempio di "obliteration by incorporation",

---

[221] C. P. Snow, *Le due culture*, Marsilio, Vicenza 2005.

[222] N. J. Faramelli, *Technethics: Christian Mission in an Age of Technology*, Friendship Press, New York 1971.

[223] *Britannica Book of the Year 1973*, Encyclopaedia Britannica, Chicago 1973.

espressione coniata da Robert K. Merton per indicare il vezzo letterario di non citare più la fonte originale, quando l'idea incorporata nel proprio testo è considerata generalmente accettata[224].

Nel 1974, compare per la prima volta il termine "technoethics", con la "o", ovvero quello ora in uso nel mondo anglosassone. È il filosofo argentino-canadese Mario Bunge a coniarlo. Il termine e il concetto sono originalmente presentati al *Symposium on Ethics in an Age of Pervasive Technology* che si tiene tra il 21 e il 25 dicembre 1974 al Technion – Israel Institute of Technology. La relazione di Bunge compare, in varie forme, su tre diverse pubblicazioni: la prima volta, nel 1975, sulla rivista *Philosophic Exchange*[225]; poi, nel 1977, sulla rivista *Monist*[226]; e, infine, tre anni più tardi, negli atti della conferenza del Technion, curati da Melvin Kransberg[227]. Bunge, più che a se stesso o ai suoi colleghi filosofi, sembra voler assegnare *in primis* agli ingegneri (preferiamo questo termine, anche se quello utilizzato da Bunge è in realtà "technologists", forse traducibile con "tecnologi", esperti di tecnologie), il compito di forgiare un'adeguata tecnoetica. Nelle battute iniziali del suo articolo, leggiamo che verranno esaminate «alcune delle responsabilità speciali dell'ingegnere, nella nostra epoca, caratterizzata dalla presenza pervasiva – e, ahimè, troppo spesso perversa – della tecnologia»[228]. La tesi difesa da Bunge è che l'ingegnere, proprio come chiunque altro, «è personalmente responsabile per qualsiasi cosa faccia ed è responsabile nei confronti di tutta l'umanità, non solo dei suoi datori di lavoro». In altre parole, l'ingegnere «ha il dovere di affrontare, analizzare e risolvere i propri problemi morali» ed è, oltretutto,

---

[224] R. K. Merton, *Social Theory and Social Structure*, Free Press, New York 1968, pp. 27-28.

[225] M. Bunge, *Towards a Technoethics*, «Philosophic Exchange», Vol. 6, No. 1, Article 3, 1975.

[226] M. Bunge, *Towards a Technoethics*, «Monist», 60(1), 1977, pp. 96-107.

[227] M Bunge, *Towards a Technoethics,* in: M. Kransberg (a cura di), *Ethics in an Age of Pervasive Technology*, Westview, Boulder 1980.

[228] M. Bunge, *Towards a Technoethics*, «Philosophic Exchange», Vol. 6, No. 1, Article 3, 1975.

particolarmente attrezzato per farlo, «poiché può affrontare i problemi morali, e persino la teoria della moralità, cioè l'etica, con l'aiuto di un approccio e di un insieme di strumenti estranei alla maggior parte dei filosofi e tuttavia in grado di forgiare la tecnoetica che i filosofi non si sono degnati di elaborare»[229].

Per Bunge, ingegneri e manager, a causa del loro crescente potere, hanno ormai acquisito responsabilità morali e politiche di gran lunga superiori a quelle che investono altri soggetti sociali. Essi devono coscientemente farsi carico di queste responsabilità e soprattutto comprendere che non possono fare affidamento sulla teoria morale tradizionale, per risolvere i problemi. La teoria morale tradizionale è "sottosviluppata", proprio perché ha per lo più ignorato i problemi speciali posti dalla scienza e dalla tecnologia. L'approccio tecnoetico di Bunge è dunque più radicale rispetto a quello di Faramelli. Non si tratta soltanto di mantenere la produzione e l'uso di oggetti tecnologici nei limiti della tradizionale visione etica del mondo occidentale, in particolare di quella cristiana, ma di riscrivere *ex novo* l'etica, prendendo atto che il mondo è completamente cambiato per effetto della rivoluzione industriale e non c'è più comportamento che esuli dalla dimensione tecnologica.

Bunge nota che, se da un lato i filosofi hanno dedicato poche riflessioni alla tecnica, dall'altro gli ingegneri sembrano indifferenti alle questioni etiche. Questo è il *gap* che deve essere colmato. Il filosofo argentino, proprio mentre stigmatizza l'atteggiamento poco o punto responsabile degli ingegneri, ci offre anche un catalogo di problemi morali che i "tecnoeticisti" – chiamiamo così gli esperti di tecnoetica a prescindere dalla loro formazione disciplinare – sono chiamati ad affrontare in futuro: «Gli ingegneri sembrano essere indifferenti, se non apertamente insensibili, di fronte a tragedie che si riverberano su vasta scala, ma sono di per sé evitabili: disoccupazione, povertà, iniquità, oppressione, guerra, mutilazione della natura, spreco di risorse naturali, o svilimento della cultura»[230]. Come si può notare, sono problemi che tradizionalmente sono stati ignorati, o

---

[229] *Ibidem.*
[230] *Ibidem.*

rubricati come "economici" e "politici", giammai come problemi "etici". Tutt'oggi, c'è notevole resistenza all'idea di inquadrare problemi come la disoccupazione tecnologica o l'inquinamento atmosferico nell'ambito delle *questioni morali*.

Ma in che modo gli ingegneri potrebbero, partendo dalle proprie competenze nel campo della scienza e della tecnologia, ovvero da ambiti che si sono sviluppati allontanandosi dalla riflessione filosofica, costruire una nuova teoria della moralità al passo coi tempi? Bunge suggerisce loro di adottare lo stesso schema di ragionamento che adottano per progettare macchine e strumenti, ma estendendo l'analisi degli effetti, dei costi e dei benefici ben oltre l'ambito ristretto sul quale solitamente puntano l'attenzione, ovvero smettendo di chiudere gli occhi di fronte alle sofferenze e allo squallore generati dall'introduzione di certe innovazioni tecnologiche. Così come la tecnica ha proceduto prima in modo empirico, basandosi sul processo di tentativo-ed-errore (*ungrounded*), per poi diventare tecnica scientifica, ossia basata su un adeguato supporto teorico (*grounded*), un analogo processo di crescita può riguardare l'etica.

Naturalmente, è necessario riconoscere anzitutto che sarebbe del tutto ingenuo parlare di *beneficio* o *maleficio* di una tecnica, in termini universali, senza prima riconoscere che sono in circolazione nella società interessi contrastanti e, di conseguenza, diversi codici etici che li razionalizzano. Bunge offre l'esempio della costruzione di un nuovo impianto industriale e dei diversi interessi in conflitto che ne investono la realizzazione. Azionisti dell'azienda, imprese di costruzione, manager, lavoratori, disoccupati, consumatori e abitanti della zona non hanno le stesse aspettative, gli stessi interessi. Quando gli ingegneri assecondano gli interessi degli uni o degli altri, che se ne rendano conto o meno, compiono scelte che hanno una dimensione morale. Per esempio, avvantaggiando gli imprenditori che vogliono fare profitto e i disoccupati che cercano lavoro, producono svantaggi per gli abitanti della zona che vogliono respirare aria pulita e bere acqua non inquinata. In conclusione, sommamente ingenuo è chi sostiene che una tecnologia (o tutta la tecnologia!) è *sic et simpliciter* un bene o un male *per l'umanità*. Poiché, *de facto*, vengono quasi sempre soddisfatti gli interessi di chi ha maggiore potere economico-finanziario, la tecnoetica nasce proprio per svelare la situazione reale, per metterla a nudo, per spingere l'ingegnere a prestare attenzione ai diversi punti di vista in campo.

Se inizialmente Bunge sembrava aver escluso la figura del filosofo morale dal processo decisionale, nel prosieguo la rimette in gioco, invitando però questo specialista ad apprendere alcune lezioni dalle discipline tecnico-scientifiche. L'argomentazione sfocia infine in un sistema logico formalizzato, finalizzato a compiere scelte di carattere etico. In questa sede ci limitiamo a puntare l'attenzione su due aspetti della teoria. Per Bunge, la scienza pura è sempre *buona*, è un bene intrinseco, un valore in se stesso, mentre è la scienza applicata che può scivolare alternativamente verso il *bene* o il *male*. Sebbene, come si è detto sopra, la questione della tecnica è ambivalente, perché è impossibile beneficiare tutti i soggetti coinvolti, secondo i rispettivi interessi, Bunge pare suggerire che attraverso il suo sistema di decisione formalizzato sia possibile pervenire a una soluzione oggettiva delle questioni. Evidentemente, per giungere a questo esito, bisogna prima ammettere che non tutte le aspettative sono da considerarsi moralmente legittime. Questo passaggio, fondato sul riconoscimento che in ultima istanza il *bene pubblico* deve prevalere sull'*interesse privato*, consente all'autore di giungere a una conclusione ben più drastica di quella che sembravano suggerire le premesse: «L'ingegnere che contribuisce ad alleviare eventuali malesseri sociali o migliorare la qualità della vita è un benefattore. Ma colui che contribuisce consapevolmente a deteriorare la qualità della vita, o ingannare il pubblico, inventare prodotti inutili o pericolosi o diffondere informazioni false, è un criminale»[231].

La questione del soggetto che deve impegnarsi nella riflessione tecnoetica e nella codificazione delle norme di comportamento – l'ingegnere stesso con una maggiore sensibilità morale o il filosofo morale con una maggiore

---

[231] *Ibidem.*

conoscenza della tecnoscienza – è infine risolta con una proposta salomonica: «Poiché nessun singolo specialista è in grado di far fronte a tutti i molteplici e complessi problemi posti da progetti tecnologici su vasta scala, i problemi dovrebbero essere affidati per la soluzione a gruppi di esperti in vari settori, compresi gli esperti di scienze sociali applicate, e dovrebbero essere sottoposti a controllo pubblico»[232].

Nel 2005, la proposta terminologica e teorica di Bunge è fatta propria da Carl Mitcham, curatore della *Encyclopedia of science, technology, and ethics*, in 4 volumi. Mitcham ammette che la sua enciclopedia avrebbe potuto assumere una differente denominazione, ponendo proprio il termine "tecnoetica" al centro del discorso: «Durante la preparazione dell'*Encyclopedia of science, technology, and ethics* ci fu un primo dibattito sull'opportunità di farla diventare un'*Encyclopedia of Technoethics*. La conclusione, tuttavia, fu che tale alternativa sarebbe stata inadeguata, rispetto al piano di costruire ponti tra diversi settori dell'etica applicata che vanno dall'etica dell'informatica e dell'ingegneria alla ricerca e all'etica ambientale, e che includono la storia, la letteratura e la filosofia...»[233]. Per tale ragione, il curatore ha poi deciso di optare per l'attuale titolo, certamente più esteso sul piano semantico, ma al contempo meno seducente ("less catchy"). Nell'ambito di questo dibattito, mettendo a confronto la prospettiva laica e analitica elaborata da Bunge con la prospettiva di marca cristiana originalmente proposta da Faramelli, Mitcham conclude che l'uso del termine "tecnoetica" di Bunge «sembra più appropriato».

6.4. Il contributo dei tecnoeticisti cattolici

Nonostante la propria scelta di campo, Mitcham ammette che c'è in campo una folta schiera di studiosi che cerca di forgiare la

---

[232] *Ibidem.*

[233] C. Mitcham, *Encyclopedia of science, technology and ethics,* Macmillan Reference USA, Detroit 2005.

tecnoetica come un analogo e un complemento della *bioetica*. La tecnoetica è da essi vista come una disciplina destinata a occuparsi di aspetti residui, non considerati nelle riflessioni morali sulla scienza medica, ma altrettanto pervasivi e cruciali per il destino dell'umanità. Queste le sue parole: «Tra la fine degli anni novanta e l'inizio degli anni duemila il termine tecnoetica, specialmente nelle lingue spagnola e italiana, è apparso di nuovo in parallelo con un'altra parola coniata negli anni settanta: bioetica»[234].

Una delle ragioni per cui si diffonde proprio l'uso degli equivalenti italiani e spagnoli è l'ingresso nel dibattito di studiosi di formazione cattolica[235]. È, dunque, doveroso approfondire anche questo orientamento, per mostrare affinità e divergenze rispetto a quello promosso da Bunge e Mitcham.

Per cominciare, importanti contributi alla fondazione teorica della tecnoetica sono ascrivibili al teologo e medico Josè Maria Galvan, docente della Pontificia Universitas Sanctae Crucis in Roma. All'*Italy-Japan 2001 Workshop: Humanoids – A Techno-Ontological Approach*, tenutosi presso la Waseda University di Tokyo il 21 novembre 2001, lo studioso interviene con la relazione *Technoethics: Acceptability and Social Integration of Artificial Creatures*. Nell'articolo, la tecnoetica è presentata come un nuovo concetto, al cui sviluppo l'autore intende contribuire con alcune considerazioni riguardanti i robot umanoidi.

In un articolo in lingua italiana, intitolato *La tecnoetica*, Galvan definisce la disciplina *in statu nascendi* come un insieme di conoscenze che permette di «evidenziare un sistema di riferimento etico che dia ragione della dimensione profonda della tecnologia come elemento centrale del raggiungimento del perfezionamento finalistico dell'uomo. Questa definizione presuppone di per sé l'affermazione di una positività

---

[234] *Ibidem*.

[235] J. M. Esquirol (a cura di), *Tecnologìa, Ética y Futuro: Actas del I Congreso Internacional de Tecnoética*, Editorial Descle'e de Brouwer, Bilbao 2002; J. M. Esquirol (a cura di), *Tecnoética: Actas del II Congreso Internacional de Tecnoética*, Publicaciones Universitat de Barcelona, Barcelona 2003.

antropologica della tecnica che, nonostante si tratti di una delle più vecchie consapevolezze dell'umanità, è stata negli ultimi decenni fortemente messa in dubbio da molti settori della cultura»[236].

In risposta ai luddisti intellettuali, ai critici della tecnica, ai tecnofobi, Galvan pone quest'idea addirittura come pietra d'angolo della tecnoetica. La tecnoetica non nasce quindi per denigrare la tecnica, ma per favorirne l'uso, escludendone l'abuso. Egli propone dunque una concezione ampia di tecnoetica, che va ben oltre il concetto di *deontologia professionale dell'ingegnere* (la quale ne costituisce solo una parte). D'altro canto, insiste anche sul fatto che la prospettiva non va nemmeno allargata troppo, fino a inglobare tutta l'*etica della società tecnologica*, perché quest'accezione «include aspetti non tecnici dell'agire umano»[237]. Nel prosieguo, Galvan presenta alcune constatazioni di fatto dalle quali il discorso tecnoetico non dovrebbe prescindere, se non vuole scadere nell'irrazionalismo. Lo studioso di tecnoetica (quale che sia il suo orientamento nei confronti di determinate tecniche), non deve mai scordare che «l'umanità non può fare a meno della dimensione tecnica, fino al punto di poter dire che essa fa parte della sua costituzione: L'umanità è tecnologica per natura. La dimensione tecnica non è una aggiunta all'uomo, ma forse uno degli elementi centrali in cui l'uomo si distingue degli animali». In altre parole, la persona umana «ha la possibilità di costruire strumenti artificiali, essendo essa stessa una creatura artificiale. (Si intende per artificiale ciò che è formalizzato dalla libertà, non dall'istinto)»[238].

Galvan sottolinea anche che, finora, tutti i tentativi di fermare l'avanzata della tecnica sono falliti. Più precisamente, sottolinea che «la battaglia contro la tecnologia, nonostante ancora ci siano delle scaramucce, è finita ed è stata definitivamente persa dai suoi nemici. Grosse forze in campo sono state coinvolte per cercare di emarginare la tecnologia

---

[236] J. M. Galvan, *La tecnoetica*, <pusc.it>, Firenze, 21 giugno 2003.

[237] *Ibidem.*

[238] *Ibidem.*

emergente: basti pensare a filosofi come Heiddeger o Husserl, o a movimenti come la cultura *Hippy* o, più recentemente e con altre sfumature, la *New Age:* abbondantissimi e fondamentali prodotti della cultura e dell'arte del XX secolo hanno combattuto nell'esercito antitecnologico». Nonostante gli sforzi del luddismo pratico e intellettuale, alla fine, la tecnologia ha vinto. «Se poco a poco il motore, l'elettricità, il telefono, si sono introdotti nella vita dell'uomo fino a diventare elementi che quasi non si sentono se non quando mancano, si può dire che negli ultimi anni il processo si è accelerato, e tutto è stato invaso dalla tecnologia: persino i meccanismi più basilari della produzione della vita sono caduti sotto il suo dominio»[239].

Galvan rivela anche l'esistenza di un paradosso che caratterizza il rapporto tra l'uomo contemporaneo e la tecnica: nonostante la sconfitta dei luddisti, nonostante la pervasività della tecnica, nonostante il fatto che costitutivamente l'uomo non possa prescindere dalla tecnica, la cultura contemporanea continua a mettere in dubbio la positività antropologica della tecnica e, «in base a diversi stimoli filosofici, risulta ancora largamente contraria alla tecnologia». La situazione è paradossale, perché, da un lato, la stessa esistenza dell'essere umano dipende dalla tecnologia, mentre, d'altro canto, domina una narrazione che presenta la tecnologia come essenzialmente "antiumana", vale a dire come una realtà dalla quale bisogna difendersi. «La proposta della tecnoetica dovrà servire, appunto, per superare il paradosso»[240]. Il postulato della positività antropologica della tecnica, pur essendo essenzialmente un giudizio di valore, è in ultima istanza fondato su una constatazione di fatto: l'imprescindibilità della tecnica. L'uomo non esiste senza tecnica. Perciò, sarebbe del tutto illogico affermare la negatività intrinseca della tecnica, senza affermare insieme la negatività della propria esistenza. A dirla tutta, non mancano esseri umani che affermano la negatività dell'umano. Però, solitamente, si fermano sulla soglia dell'abisso. Ovvero,

---

[239] *Ibidem.*
[240] *Ibidem.*

non compiono l'ulteriore passo che la coerenza logica richiederebbe: eliminare se stessi.

Nel prosieguo dell'articolo, il teologo si sposta più decisamente sul versante valutativo, mettendo in campo anche argomenti teologici. Se Galvan, da un lato, rifiuta il concetto della tecnica come *sempre* inumana, dall'altro, propone una critica alla «civiltà dello scientismo esasperato» che porta *talvolta* a una tecnologia inumana. Con lo scientismo positivista, «parlando in chiave teologica, si potrebbe dire che avviene una sostituzione di Dio (fondamento) con la scienza, e della religione (legame col fondamento) con la tecnica. Per questo, anche se col rischio di creare più confusione terminologica che chiarezza concettuale, è adeguato chiamare alla scienza del XX secolo "tecnoscienza". La tecnoscienza è madre di una tecnologia antiumana»[241].

È stato notato, tra gli altri da Bunge, che alcune tecnologie costituiscono un rischio esistenziale per l'intera umanità e che in molti casi si fa fatica a distinguere la ricerca della verità scientifica dalle sue applicazioni. Si pensi soltanto alle armi nucleari, chimiche e batteriologiche. Tuttavia, Galvan sta facendo un discorso che sembra andare di là da questa considerazione. Per il teologo, a essere inumana è la scienza che riduce a propria ancella la tecnologia, usandola in modo strumentale. Mentre la situazione contraria sarebbe preferibile. Con questa presa di posizione, a ben vedere, egli ribalta di centottanta gradi la posizione di Bunge, il quale – il lettore ricorderà – postulava la bontà intrinseca della scienza pura e anche di certo scientismo. La proposta normativa di Galvan è agli antipodi: «Bisogna abbandonare la tecnoscienza, che include il primato della scienza sulla tecnica, e accogliere un nuovo paradigma relazionale che si impone nella postmodernità. La tecnoetica nasce dall'esigenza di fermare la tendenza che oggi sembra insita in gran parte della tecnica di svincolarsi dalla libertà, per affermare invece la tecnologia come *attività spirituale*, prodotto eminente dello spirito dell'uomo». La tecnologia è dunque umana, addirittura spirituale, perché mette

---

[241] *Ibidem.*

gli uomini in relazione (tecnologia di rete), mentre la conoscenza scientifica spoglia la realtà di ogni metafisica, di ogni trascendenza rispetto alla realtà misurabile e oggettivabile, di ogni teleologia, e perciò «alla tecnoscienza dominante che portava la tecnologia a una posizione di sottomissione, bisogna sostituire una scienza autentica, che sa essere aperta alla verità autentica dell'uomo, che va al di là del suo ambito, ma alla quale può e deve servire nella sua componente prassica: *scientia ancilla technologiae*»[242].

La questione posta da Galvan merita di essere approfondita. Chi ritiene che lo scopo ultimo della scienza sia *scoprire la verità* è animato dall'etica della scienza pura, mentre chi ritiene che lo scopo ultimo della scienza sia *produrre benessere* è animato dall'etica della scienza applicata. Per esemplificare le attività di ricerca scientifica non direttamente finalizzate all'applicazione tecnica, possiamo citare le ricerche archeologiche o gli studi astronomici. In genere, gli studiosi impegnati in questi campi non partono dal desiderio di risolvere problemi pratici, ma di scoprire la verità sul nostro essere qui, ora. Al contrario, gli studi nel campo della medicina o della fisica dei materiali, anche quando sono teorici, hanno sempre finalità pratiche. Di primo acchito, potrebbe sembrare che tra i due orientamenti non possano sorgere conflitti, giacché – a prescindere dalla condizione psicologica del ricercatore – un oggetto tecnologico funziona se è basato su verità scientifiche. Ma la questione non è così semplice. Supponiamo che ci sia accordo unanime sul fatto che un oggetto tecnologico costituisca un pericolo esistenziale per l'umanità e che, una volta resa pubblica una certa scoperta scientifica, la sua applicazione diventi possibile. Quand'anche fosse decisa in comune accordo una messa al bando o una moratoria dell'applicazione, da parte di tutti i paesi e di tutte le organizzazioni internazionali, resta la possibilità che un'organizzazione criminale si appropri di quella conoscenza e la applichi. Qualcuno potrebbe allora concludere che, per evitare situazioni di estremo pericolo, in linea di principio, *certe cose sarebbe meglio non saperle* (o, perlomeno,

---

[242] *Ibidem.*

non divulgarle). D'altro canto, la conoscenza scientifica che sta alla base di quella applicazione potrebbe essere fondamentale per capire alcuni segreti dell'universo. Per chi sposa l'ideale della scienza pura, ovvero per chi ritiene che lo scopo della scienza non sia quello di rendere la vita più comoda, ma di scoprirne i segreti più intimi, affermare che *certe cose sarebbe meglio non saperle*, magari per non alterare un equilibrio sociale, equivale a mettere in dubbio la *raison d'être* della scienza[243].

Il dilemma può, però, nascere anche in senso inverso. Un oggetto tecnologico (cannocchiale, telescopio, microscopio, computer, acceleratore di particelle, ecc.) può diventare uno strumento in grado di favorire scoperte nel campo della scienza pura. Per coloro che, assumendo una prospettiva politica o religiosa, mettono la stabilità sociale, il benessere materiale, o le verità di fede in posizione sovraordinata rispetto alla verità scientifica, l'oggetto tecnologico in sé non costituisce un problema, ma genera problemi quando è utilizzato come strumento di conoscenza. Ciò accade perché la scienza pura non è neutrale, innocente, anche quando resta sul puro piano delle idee. Il metodo scientifico è talvolta avvertito come una "minaccia", perché non ammette una distinzione in linea di principio tra sacro e profano. Non a caso, la scienza teorica o pura, che del metodo scientifico è figlia, ha finito per invadere sistematicamente il campo della religione e della politica, costringendole a continue ritirate. Quante volte, nel corso della storia del pensiero occidentale, è stato notato che non è facile conciliare i concetti di miracolo o di provvidenza con l'idea di una natura regolata da leggi immutabili? L'invasione di campo si è, per esempio, verificata durante la rivoluzione scientifica del XVII secolo. Una certa idea della realtà e dell'uomo è stata completamente mandata gambe all'aria da ricerche di base nel campo della fisica, dell'astronomia, dell'anatomia umana e della biologia.

Ecco allora una possibile interpretazione della presa di posizione di Galvan a favore della tecnica e contro la

---

[243] R. Campa, *Etica della scienza pura*, cit.

tecnoscienza: una tecnica artigianale, non scientifica (o poco scientifica), difficilmente può entrare in conflitto con la religione. Una posizione "tecnofila" intesa in questo senso si concilia bene anche con la Lettera Enciclica *Populorum Progressio* di Paolo VI – che indica per l'appunto nello sviluppo tecnico, nella scienza pratica, lo strumento per superare la povertà e la fame nel mondo. Sarebbe tuttavia improprio pensare che Galvan esprima la posizione ufficiale della Chiesa cattolica. Come spesso accade, si possono trovare in seno a questa istituzione posizioni difformi e comunque autorevoli. Da un lato, è noto che nel mondo cattolico non mancano posizioni tecnofobiche, analoghe a quelle che si rilevano nel mondo laico. Dall'altro, pure sulla questione del primato morale della scienza pura o della scienza applicata, si notano differenze di tono. Per esempio, Giovanni Paolo II ha sostenuto che «lo studio scientifico merita un impegno di ricerca disinteressata che, in ultima analisi, è servizio della verità e dell'uomo stesso»[244]. Dunque, la ricerca *disinteressata* della verità scientifica – ovvero aldilà delle possibili applicazioni tecniche – qui sembra tenuta in grande considerazione. Può sembrare una semplice sfumatura, ma non lo è affatto. Si badi che anche il pontefice polacco ha espresso riserve nei confronti dello "scientismo", inteso come tentativo di spiegare tutta la realtà con i soli strumenti metodologici della scienza. Ma questo è un discorso diverso. Possiamo, infatti, convenire che ridurre la conoscenza genuina ai soli contributi delle scienze naturali, e magari solo a quelli applicabili, rappresenti una visione metascientifica da molti oggi ritenuta angusta e semplicistica. Quando Karl Popper introduce il criterio di demarcazione falsificazionistico, per distinguere la scienza dalla non scienza, si guarda bene dall'affermare che ciò che non è scienza è "privo di senso". Questa era la conclusione alla quale erano giunti i neopositivisti del Circolo di Vienna, con i quali non a caso Popper polemizza.

Tra l'altro, la posizione "scientista" dura e pura è spesso sostenuta da ricercatori molto giovani o marginali nell'ambito

---

[244] Giovanni Paolo II, *Discorso di Giovanni Paolo II ad un gruppo di scienziati e ricercatori*, <vatican.va>, 9 maggio 1983.

della comunità scientifica. Non avendo raggiunto grandi risultati personali, cercano di migliorare la propria autostima esaltando la disciplina che coltivano. Insistono sull'identità di gruppo, sostengono la superiorità della propria "tribù" su tutte le altre, per dare importanza alla propria esistenza individuale. È un meccanismo piuttosto noto ai sociologi e agli antropologi. Al contrario, gli scienziati naturali di grande caratura non hanno difficoltà a riconoscere che sono importanti forme di conoscenza anche le belle arti, le dottrine filosofiche, le scienze sociali, le religioni, gli studi storici e filologici, e le discipline umanistiche in genere. Per fare solo due esempi, a fronte dell'ingegnere del dipartimento accanto che afferma l'inutilità della filosofia o il carattere non scientifico della storiografia, troviamo un Albert Einstein a ricordarci che «la scienza senza epistemologia, se pure si può concepire, è primitiva e informe»[245], e un altro grande fisico come Erwin Schrödinger a sottolineare che «la storiografia è la più fondamentale tra le scienze, giacché non c'è conoscenza umana che non possa perdere il suo carattere scientifico quando l'uomo dimentica le condizioni nelle quali essa è originata, le domande alle quali ha risposto e le funzioni per servire le quali essa è stata creata»[246].

È abbastanza significativo il fatto che, sul rapporto tra scienza e tecnologia, un altro noto prelato, monsignor Rino Fisichella, sembra avere una posizione esattamente speculare a quella espressa da Galvan. Parlando a nome dei cattolici, il teologo gesuita respinge ogni accusa di oscurantismo antiscientifico, affermando che «siamo stati nel passato, lo siamo tuttora e lo saremo nel futuro fautori e propugnatori della scienza. L'elenco che mostrerebbe quanti scienziati credenti sono stati veri artefici di progresso sarebbe lungo e farebbe impallidire quanti ne dubitano: Grozio, Erasmo, Keplero, Copernico, Galileo, Mendel, Spallanzani, Marconi, Fermi, Medi, Lejeune... a cui si riconoscono le più grandi conquiste del

---

[245] Cfr. A. Pais, *La scienza e la vita di Albert Einstein*, Bollati Boringhieri, Torino 1986.

[246] Cfr. J. M. Marin, *'Mysticism' in quantum mechanics: the forgotten controversy*, in «European Journal of Physics», 30, 2009, pp. 807–822.

diritto e della scienza moderna e della medicina erano cattolici e alcuni di loro preti»[247]. In questo atteggiamento di apertura nei confronti del "sapere profano", Fisichella non si distingue particolarmente da Galvan. Tuttavia, secondo il primo, a risultare problematica non è tanto la ricerca disinteressata della verità, la scienza pura, magari con la tecnica al proprio servizio, quanto l'applicazione azzardata dei risultati di certe ricerche. Sulla questione si esprime piuttosto chiaramente: «Dovremmo tutti ammettere, insomma, che il problema non è, in primo luogo, la scienza come tale, ma l'uso che si fa della sua scoperta»[248]. Come si può notare, quanto afferma Fisichella è più in linea con l'impostazione tecnoetica di Bunge, nonostante il filosofo argentino prescinda del tutto da considerazioni teologiche. Sappiamo che l'anti-intellettualismo è alquanto di moda ai nostri giorni, ma è evidentemente trasversale anche l'idea che non si possa dissociare la "verità" dal "bene" e che si debba perciò giudicare la ricerca della verità scientifica come un'attività intrinsecamente morale.

Sempre in ambito cattolico, un altro contributo significativo alla chiarificazione del concetto di tecnoetica è venuto da Giovanni Ventimiglia, filosofo della Facoltà di Teologia di Lugano che, nei suoi scritti, spazia da San Tommaso al ciberspazio, dalla Trinità all'identità di genere del cyborg. Nell'editoriale di un numero della *Rivista teologica di Lugano* dedicato alla tecnoetica, al quale contribuisce anche Galvan con lo scritto *La speranza nella società delle macchine: la tecnoetica*[249], Ventimiglia nota che uno degli autori, Sergio Bartolommei, identifica i concetti di tecnoetica e di roboetica[250]. Ventimiglia riconosce a Galvan il merito di avere elaborato il concetto di "tecnoetica" nel 2001 e a Gianmarco Veruggio il

---

[247] R. Fisichella, *Etica e ricerca scientifica*, <fondazioneminnaja.com>, Padova, 6 marzo 2009.

[248] *Ibidem.*

[249] J. M. Galvan, *La speranza nella società delle macchine: la tecnoetica*, «Rivista Teologica di Lugano», 13/1, 2008, pp. 17-26.

[250] S. Bartolommei, *Temi e problemi della tecnoetica*, «Rivista Teologica di Lugano», 13/1, 2008, pp. 27-35.

merito di avere coniato quello di "roboetica", nel 2002. Dopodiché, esprime un parere di merito: «A mio sommesso avviso, invece, la nascita dell'espressione "roboetica", più appropriata anche semanticamente per designare lo studio dei problemi etici legati alla robotica, dovrebbe sostituire del tutto, per ragioni di chiarezza, "tecnoetica", espressione quest'ultima che invece dovrebbe andare a designare tutto quell'insieme di discipline che si occupano dei diversi problemi etici connessi con ogni tipo di tecnologia e non solo con i robot»[251].

La ragione per cui Ventimiglia mette i puntini sulle i, distinguendo concettualmente i campi della tecnoetica, della bioetica e della roboetica, e attribuendo alla tecnoetica un carattere più generale è che vede all'orizzonte la comparsa dell'uomo bionico, del cyborg, della sintesi tra uomo e robot. La valutazione etica delle ricerche nel campo della biorobotica non rientrerebbe perfettamente né nella bioetica né nella roboetica, ma atterrebbe a un campo più ampio che è appunto quello dello tecnoetica. Nell'ambito dell'impostazione antropologica cattolica, l'essere umano è spesso concepito in termini di essenza immutabile e, di conseguenza, si tende a giudicare negativamente ogni trasformazione radicale dell'uomo per via tecnologica. Questa pare essere anche la posizione di Ventimiglia, il quale non a caso investe la tecnoetica del compito di prevenire quella che ai suoi occhi appare una deriva morale.

A ben vedere, l'operazione che compie Bartolommei, ovvero l'utilizzo del termine generale per riferirsi al particolare, non è illecita sul piano linguistico. Per analogia, se l'aritmetica è una parte della matematica, riferirsi a un problema di geometria con il termine "aritmetica" sarebbe scorretto, ma riferirsi a un calcolo aritmetico o geometrico con il termine "matematica" resta lecito. In altre parole, se diciamo che le leggi robotiche di Asimov sono una proposta tecnoetica o che la valutazione dell'aborto rientra nell'ambito della tecnoetica non siamo molto

---

[251] G. Ventimiglia, *Editoriale: tecnoetica, roboetica, bioroboetica e insegnamenti della Chiesa*, «Rivista Teologica di Lugano», 13/1, 2008, pp. 5-15.

precisi, ma non erriamo. Certamente, è più preciso parlare, nei due casi, rispettivamente, di roboetica e bioetica.

Ma restiamo sul merito della questione posta da Ventimiglia. Quello della tecnologia *disumanizzante*, vale a dire di una tecnica non più al servizio dell'uomo, ma orientata al superamento dell'uomo, è il problema che è stato sollevato con più insistenza dai cattolici. In particolare, preoccupazioni sono state espresse nei confronti delle tecnologie emergenti e convergenti di ultima generazione. La biomedicina, la robotica, l'intelligenza artificiale, la nanotecnologia, arrivando a prospettare la modifica dell'umano da parte dell'uomo, in vista della generazione di un essere transumano o postumano, per alcuni tecnoeticisti cattolici mette in crisi l'intera concezione antropologica tradizionale basata sull'idea di creazione, rivelazione e provvidenza. Da chi vede un valore intrinseco nella tradizione, nella stabilità sociale, nella ripetizione di certi schemi di comportamento, nella conformità con uno stile di vita basato su un codice dato, addirittura rivelato da un'entità onnipotente e onnisciente, e che pertanto non può cambiare, un salto evolutivo concepito in laboratorio non può che essere percepito come un pericolo.

Tuttavia, anche in questo caso, deve essere posto in evidenza il fatto che esistono posizioni diverse all'interno della Chiesa cattolica. È noto che uno dei più vigorosi tentativi di rinnovamento del cristianesimo è stato compiuto dal padre gesuita Pierre Teilhard de Chardin, il quale ha chiesto ai suoi correligionari proprio di riconoscere il disegno divino che si manifesta nella stessa evoluzione del cosmo, dell'uomo, delle conoscenze e dei costumi. Nella prospettiva teilhardiana non solo non ha più senso guardare con sospetto lo sviluppo tecnico-scientifico, ma il fedele dovrebbe accogliere a braccia aperte la stessa idea di evoluzione autodiretta, in quanto rispondente a un richiamo del Cristo cosmico. È vero che Teilhard de Chardin ha inizialmente subito ostracismi da parte delle gerarchie ecclesiastiche e del cattolicesimo tradizionalista, ma non è nemmeno così pacifico che oggi la sua posizione sia isolata all'interno della Chiesa cattolica[252]. Si può, dunque, legittimamente, riconoscere l'autoevoluzione per via tecnologica come un'istanza di bioetica evolutiva[253], più che come una mera deviazione dalla morale.

6.5. I recenti sviluppi della tecnoetica

Nonostante Bunge auspicasse un impegno *in primis* di ingegneri e scienziati sociali, nella nostra genealogia della tecnoetica abbiamo dato ampio spazio a teologi e pontefici, perché – proprio com'è accaduto per la bioetica – l'impegno degli studiosi cattolici è stato (e ancora è) notevole. Se essi esprimono una visione normativa parziale, non condivisa da tutti, è pur vero che attivano risorse e intelligenze che contribuiscono allo sviluppo del dibattito. D'altro canto, il rischio – dal punto di vista dei non credenti o dei diversamente credenti – è che tutto il dibattito sia impostato in modo tale che, poi, le altre proposte tecnoetiche finiscono per apparire come intrusi indesiderati in una casa già ben arredata. Per dirla in modo chiaro, molte tecnologie sono oggi sviluppate in Giappone, Corea, Taiwan, Cina, India e altri paesi asiatici, ovvero in ambiti culturali del tutto estranei non solo al cristianesimo, ma a all'intero impianto teologico e morale delle religioni abramitiche. Inoltre, lo stesso Occidente – culla della rivoluzione scientifica e industriale – è soggetto da alcuni secoli a un profondo processo di secolarizzazione. Diventa chiaro, allora, che la tecnoetica può imporsi come strumento regolativo a livello globale soltanto se risulta comprensibile a tutti, assumendo una dimensione non solo transdisciplinare, ma anche transculturale. Di qui l'esigenza di fondare riviste di respiro internazionale, aperte a contributi provenienti da diverse culture.

---

[252] G. Giustozzi, *Pierre Teilhard de Chardin. Geobiologia/Geotecnica/Neo-cristianesimo*, Edizioni Studium, Roma 2016; R. Campa, *Il fascino inquietante dell'ultraumano. Teilhard de Chardin e la ricezione del suo pensiero nella Chiesa cattolica*, «Orbis Idearum. European Journal of the History of Ideas», Vol. 5, Issue 2, 2017, pp. 73-106.

[253] R. Campa, *La specie artificiale. Saggio di bioetica evolutiva*, Deleyva Editore, Monza 2013.

La nascita, nel 2010, della prima rivista in lingua inglese interamente dedicata alla tecnoetica, ossia l'*International Journal of Technoethics,* contribuisce ad accrescere decisamente il fermento intorno a questo campo di studi. *Editor-in-chief* della pubblicazione scientifica è Rocci Luppicini, dell'Università di Ottawa. Lo stesso Luppicini aveva già preparato il terreno per la nascita della rivista con alcuni interessanti contributi teorici, apparsi negli anni precedenti. In particolare, nel 2008, insieme a Rebecca Adel, aveva curato la pubblicazione dell'*Handbook of Research on Technoethics.* Il primo capitolo della collettanea, *The Emerging Field of Technoethics,* chiariva la missione della disciplina nei seguenti termini: «La tecnoetica aiuta a collegare conoscenze di base separate attorno a un tema comune (la tecnologia). A tal fine, la tecnoetica ha un orientamento olistico e fornisce un ombrello per coordinare tutte le sotto-aree dell'etica applicata incentrate su questioni tecnologiche relative a varie attività umane, tra le quali: business, politica, globalizzazione, salute e medicina, ricerca e sviluppo»[254].

La discussione generale sulla bontà o la cattiveria della tecnoscienza lascia programmaticamente il posto a studi specialistici sui presunti effetti deleteri, indesiderati, o semplicemente controversi delle tecnologie di ultima generazione, in una prospettiva molto pragmatica. Resta però in campo la questione dei confini disciplinari, già ampiamente discussa dai primi cultori della tecnoetica. Luppicini sembra voler allargare il più possibile il perimetro del campo di studi, nello spirito della ricerca interdisciplinare. A suo dire, la tecnoetica deve ambire ad assumere il ruolo di disciplina ombrello, deve ripromettersi di inglobare tutte le riflessioni morali sulla tecnologia, incluse quelle che ora si sviluppano in altre discipline più consolidate sul piano istituzionale. Il pensiero corre subito alla bioetica e alla roboetica, dato che tra i problemi sui quali sono chiamati a pronunciarsi i tecnoeticisti vi sono anche quelli inerenti la biomedicina e la robotica. La rivista

---

[254] R. Luppicini, *The Emerging Field of Technoetchics,* in R. Luppicni, R. Adell (a cura di), *Handbook of Research on Technoethics,* 2 voll., Information Science Reference, New York 2009.

che nasce due anni più tardi mantiene questa impostazione olistica, tanto che viene presentata nei seguenti termini: «L'*International Journal of Technoethics* (IJT) promuove studi sull'impatto dell'etica nelle innovazioni tecnologiche e nelle applicazioni scientifiche, sia in settori di ricerca già consolidati (ad esempio, etica dell'informazione, etica dell'ingegneria ed etica delle biotecnologie) che in nuove aree di ricerca (ad esempio, nanoetica, moralità artificiale, e neuroetica)»[255].

Se questo ambizioso programma stia trovando applicazione, se la tecnoetica si stia davvero affermando come disciplina di riferimento per tutta l'etica applicata, è troppo presto per dirlo. In ambito accademico e scientifico abbiamo visto sovente campi di studio che sono rapidamente fioriti, per poi altrettanto rapidamente passare di moda. Considerato che la tecnoetica è ancora un cantiere aperto, nelle battute finali intendiamo uscire dalla prospettiva storica, per avventurarci in quella teorica. In altre parole, proporremo alcune riflessioni con l'intento di aiutare la disciplina a consolidarsi.

6.6. Un decalogo per la tecnoetica

Come ci pare di aver dimostrato, al pari di qualsiasi altra disciplina umanistica, la tecnoetica è caratterizzata dalla compresenza di orientamenti politici e religiosi difformi e talvolta conflittuali. Ergo, se si vuole sviluppare la riflessione etica sulle tecnologie in un clima di collaborazione, anche tra studiosi di orientamento diverso, è necessario mantenere un atteggiamento quanto più possibile "pragmatico e razionale". Facendo tesoro anche di alcune idee espresse dagli studiosi qui menzionati, riassumiamo per punti quello che, a nostro modesto avviso, il tecnoeticista è chiamato a fare o non fare.

1. La discussione in materia di tecnoetica non può mai risolversi in un processo alla tecnologia nel suo complesso. L'essere umano è un prodotto dell'evoluzione. L'attuale anatomia umana dipende pure dal fatto che i nostri antenati

---

[255] (Luppicini, 2010).

hanno maneggiato utensili e attrezzi per qualche milione di anni. La riduzione della mandibola e l'espansione della scatola cranica degli esseri umani sono anche il risultato del taglio e della cottura della carne delle prede. Lo stesso linguaggio articolato che da queste trasformazioni anatomiche dipende è un prodotto della tecnica. L'uomo che parla contro la tecnologia è dunque un ossimoro, una contraddizione in termini. La discussione tecnoetica deve sempre vertere su un ben individuato oggetto tecnologico, o addirittura su un particolare utilizzo di un oggetto tecnologico. Il coltello da cucina non è buono o cattivo in sé. È benefico se lo usiamo prudentemente per tagliare i cibi, è malefico se maneggiato con intenzioni omicide o imperizia.

2. Vedere il bene prevalentemente nella *scienza pura* o nella *scienza applicata* è una questione di sensibilità personale, di scelta esistenziale. Poiché i comportamenti dei due tipi di ricercatore rispondono a domande di senso, non è possibile stabilire chi abbia ragione in ultima istanza. Se si riconosce che la pietra d'angolo dell'etica è l'*altruismo* – ossia il pensare non solo al proprio bene, ma anche a quello dell'altro da sé – non è nemmeno del tutto appropriato concludere che gli scienziati puri sono più morali perché *disinteressati,* mentre gli scienziati applicati lo sono meno perché puntano a guadagnare denaro attraverso i brevetti. In realtà, è perfettamente possibile che un ricercatore medico sia davvero mosso soltanto dalla motivazione di debellare una malattia per beneficiare l'umanità, mentre un archeologo cerchi di svelare un mistero mosso dal desiderio inconfessato ed egoistico di guadagnarsi gloria imperitura. Se l'orientamento verso un tipo o l'altro di scienza è fondamentalmente una scelta personale, una scelta di vita, mettere su un piedistallo la scienza pura o quella applicata si riduce a un'informazione autobiografica. Nulla vieta al tecnoeticista di esternare le proprie preferenze, i propri sentimenti più intimi, ma la tecnoetica nasce per affrontare gli effetti indesiderati della tecnica, non per decidere se in ultima istanza sia più importante la verità o il benessere.

3. La tecnoetica parte dal presupposto teorico che alcune applicazioni tecniche debbano essere promosse, mentre altre

dovrebbero essere vietate o limitate. Non bisogna essere tecnofobi per ammettere che non tutte le applicazioni tecniche sono desiderabili. Persino i tecnofili più convinti e i libertari più sinceri devono ammettere che non si sentirebbero così tranquilli, se scoprissero che il loro vicino di casa sta installando una piccola centrale nucleare in cantina. Difendere l'anarchia nel campo delle applicazioni tecniche è la negazione stessa dell'idea di tecnoetica.

4. Se la neutralità dei giudizi è una chimera, lo stesso non si può dire per l'equilibrio. Manifestare una posizione "equilibrata" significa riconoscere esplicitamente le ragioni di chi esprime un punto di vista diverso, significa individuare in quel discorso i punti condivisi, significa guardare innanzitutto a ciò che unisce e non a ciò che divide. Poi si potrà discutere il resto, si potranno esaminare serenamente i punti di disaccordo. Chi divide nettamente il bene dal male, e pone invariabilmente se stesso dalla parte del bene, e l'altro da sé dalla parte del male, rende cattivo servizio alla tecnoetica. L'atteggiamento equilibrato consente di porsi nel modo più costruttivo nei confronti dei problemi etico-sociali, anche quelli generati dalla tecnica. Infatti, se esistono davvero problemi universali, che riguardano tutta l'umanità o la vita sulla Terra – circostanza che non può essere negata in linea di principio – la "minaccia" deve essere davvero comprensibile a tutti e possibilmente dimostrata sulla base di ricerche empiriche. Per esempio, che l'automazione, la computerizzazione, la robotizzazione dell'industria possano essere alla base della disoccupazione cronica che affligge le società occidentali è un'ipotesi che può essere discussa su basi razionali, senza fare alcun riferimento ad assunti metafisici e senza demonizzare la tecnologia[256].

5. Il problema della tecnoetica non si risolve nel vietare o meno una tecnologia. I principali operatori della logica deontica sono almeno tre: obbligo, proibizione e permesso[257]. E altre

---

[256] R. Campa, *La società degli automi. Studi sulla disoccupazione tecnologica e il reddito di cittadinanza*, D Editore, Roma 2016.

[257] G. H. Von Wright, *On the Logic of Norms and Actions*, in R. Hilpinen (a cura di), *New Studies in Deontic Logic. Norms, Actions, and the Foundations o*

categorie deontiche possano essere aggiunte alla lista. Per esempio, «con l'espressione *Iuris Modalia* Leibniz intende le categorie deontiche dell'obbligatorio *(debitum),* del permesso *(licitum),* del proibito *(illicitum),* e del facoltativo *(indifferentum)*»[258], mentre il sociologo Robert K. Merton aggiunge alla lista delle categorie il "preferito"[259]. Si aggiunga che l'uso di un oggetto tecnologico, oltre a non dover essere necessariamente vietato o imposto, può anche essere permesso *solo a certe condizioni.* Se si comprende che le soluzioni sono più di due, è più facile assumere una posizione equilibrata ed, eventualmente, trovare un compromesso. Per fare un esempio, è universalmente noto che l'automobile è molto pericolosa. A livello mondiale, gli incidenti stradali provocano circa un milione di morti all'anno e un numero ancora più alto di feriti. Ebbene, questa non è ritenuta una ragione sufficiente per vietare l'uso dell'automobile. Il codice della strada nasce per *permettere* l'utilizzo dei veicoli, nel modo più prudente possibile.

6. Le posizioni condivise in materia etica (tecnoetica, roboetica, bioetica, ecc.) esistono. Esistono certamente controversie sulla questione dell'eutanasia o sui pericoli derivanti dall'intelligenza artificiale, ma nessuno – per fare solo un esempio – sostiene che sia lecito imbracciare un mitra e sparare per divertimento sui passanti. Fatti incresciosi di questo tipo possono certamente accadere e sono accaduti, ma non esiste una dottrina etica che cerchi di dimostrare la liceità dell'omicidio a scopo di divertimento. Di conseguenza, non c'è alcun dibattito in corso sulla legalizzazione di questa pratica. Ciò che bisogna evitare, in un dibattito etico, è cercare di mettere il cappello sulle posizioni condivise, ossia affermare che la posizione condivisa (universalmente concepita come buona) è la "nostra" e gli altri si sono accodati. Questo è un atteggiamento infantile e provocatorio. Se la posizione è

---

f Ethics, D. Reidel Publishing Company, Dordrecht 1981, p. 4.

[258] *Ibidem.*

[259] R. K. Merton, *Social Theory and Social Structure,* Free Press, New York 1968, p. 203.

condivisa – per definizione – non può essere nostra o vostra, è semplicemente condivisa.

7. Le posizioni non condivise possono dipendere da errori di valutazione basati su una limitata *conoscenza* del problema e delle sue implicazioni. Divergenze di questo tipo riguardano i mezzi e non i fini. Per esempio si possono valutare erroneamente *a priori* gli esiti dell'uso di una certa tecnologia (parliamo dei cosiddetti effetti collaterali indesiderati). In questa situazione, lo studio approfondito del problema sul piano teorico ed empirico può portare a un chiarimento e all'implementazione di una soluzione condivisa e ottimale.

8. Poiché le valutazioni *a priori* (speculative) possono risultare erronee, un atteggiamento pragmatico e razionale richiede di evitare chiusure preconcette. La valutazione finale deve essere sempre *ex post facto*, empirica, a valle della sperimentazione. Perciò, serve tanto la propensione a prendersi un rischio, quanto la propensione a cambiare idea sulla base di risultati imprevisti e indesiderati. In altre parole, se da un lato si possono sottovalutare i *problemi* (gli aspetti negativi) generati da una tecnologia, dall'altro si possono sottovalutare le *opportunità* (gli aspetti positivi) della stessa. È quindi un errore appellarsi al *principio di massima precauzione* sulla base di mere speculazioni *ex ante*, a monte della sperimentazione, perché, se da un lato l'applicazione comporta rischi, è anche vero che il principio di massima precauzione comporta il *rischio* di rinunciare irrazionalmente alle opportunità offerte dalla tecnica. In parole semplici, il tecnoeticista può e deve provare ad anticipare i problemi generati dalle nuove tecnologie, ma le limitazioni di legge vanno introdotte quando il problema si presenta davvero, in fase di sperimentazione empirica, e non soltanto a livello di esperimento mentale. Naturalmente, questo discorso vale laddove la sperimentazione non costituisce di per sé un pericolo esistenziale per l'intera umanità.

9. Alcune divergenze dipendono invece da una diversa concezione del mondo. In altri termini, riguardano i fini e non i mezzi. In questi casi siamo di fronte a una *dissonanza culturale* che si riverbera tra diversi segmenti della società umana, persino all'interno di una medesima comunità nazionale. È, perciò,

difficile giungere a posizioni comunemente accettate. Non tutti sembrano pronti a contemplare questa conclusione "relativistica". In particolare, i fondamentalisti religiosi tendono ad assumere che la loro idea di buona vita coincida con l'etica universale e, perciò, si sentono in dovere di influenzare la vita dei non credenti o dei diversamente credenti, per salvarli dall'errore. L'identificazione della propria verità con la Verità, o dei problemi del proprio gruppo (o addirittura dei problemi personali) con *i problemi dell'umanità* è un fenomeno ricorrente e ben conosciuto dai sociologi. Resta il fatto che, numericamente, i fondamentalisti di ogni religione a vocazione universale sono comunque un sottoinsieme della popolazione mondiale. In questo senso, precipuamente sociologico e statistico, la loro visione è "parziale". Naturalmente, qualcuno potrebbe ribattere che questa constatazione è figlia di quello scientismo oggettivizzante che spoglia la realtà di ogni dimensione trascendente e metafisica. A nostro avviso, non è così. Si può ammettere l'esistenza di una dimensione trascendente e, nel contempo, tollerare chi non condivide questo assunto. Si può credere nell'Assoluto e ammettere che, nel mondo immanente, impera il Relativo. Avere chiara coscienza della "parzialità" del proprio punto di vista è il primo passo per evitare che differenze di opinione degenerino in conflitto insanabile. Se sono i fini a divergere, si deve prendere in esame anche l'ipotesi della *coesistenza* di diversi stili di vita, il che può accadere soltanto in un regime di tolleranza reciproca. In estrema sintesi, il tecnoeticista deve guardarsi da ogni tentazione fondamentalistica, ammettendo in linea di principio che *non è strettamente necessario che tutti i cittadini utilizzino le stesse tecnologie.*

10. Affinché diversi gruppi umani possano convivere sullo stesso territorio – in modo differente, ma nel complesso non conflittuale – è necessaria una certa apertura mentale. Per fare un esempio, negli Stati Uniti d'America riescono a coesistere, più o meno pacificamente, comunità molto diverse sul piano dell'orientamento tecnoetico. Vivono fianco a fianco gli Amish, che hanno rinunciato al motore a scoppio e all'elettricità, da loro considerati demoniaci, e gli ingegneri informatici della Silicon

Valley o i tecnici della NASA. Per ottenere un simile risultato, oltre che rinunciare a imporre il proprio punto di vista agli altri con la violenza (inclusa la violenza legale delle carceri, dei magistrati e dei poliziotti), dobbiamo anche provare a rimodulare il nostro linguaggio argomentativo. Detto più chiaramente, si può e si deve esprimere francamente la propria opinione, ma il modo in cui la si esprime non è un dettaglio secondario, da relegare nelle questioni di etichetta. Il tecnoeticista, non meno del cittadino comune, può essere in certa misura affetto da tecnofilia o tecnofobia. Ebbene, il tecnofilo dovrebbe evitare di deridere chi aspira a uno stile di vita più arcaico rispetto a quello oggi dominante, mentre il tecnofobo dovrebbe evitare di gridare all'abominio e all'aberrazione ogni qualvolta si presenta sulla scena una nuova tecnologia. Davvero, si tratta di mettere in pratica le regole d'oro e d'argento dell'etica della reciprocità. O, se vogliamo, si tratta di cominciare ad accontentarsi della propria libertà.

Bibliografia

Aristotele, *Politica e Costituzione di Atene,* a cura di C. A. Viano, UTET, Torino 1955.

Asimov I., *I, Robot,* Gnome Press, New York 1952.

Asimov I., *Le leggi della robotica,* in Id., *Visioni di robot,* Il Saggiatore, Milano 2019.

Atomic Energy Society of Japan (a cura di), *The Fukushima Daiichi Nuclear Accident. Final Report of the AESJ Investigation Committee,* Tokyo 2014.

Ball P., *Einstein and Nazi physics: When science meets ideology and prejudice,* «Mètode. Science Studies Journal», vol. 10, 2020, pp. 147-155.

Baracca A., *Torna la minaccia nucleare,* «Peace Reporter», 13 aprile 2006.

Bartolommei S., *Temi e problemi della tecnoetica,* «Rivista Teologica di Lugano», 13(1), 2008.

Beck U., *Risk Society. Towards a new Modernity,* Sage, London 1992.

Beck U., *The Silence of Words and Political Dynamics in the World Risk Society,* «Logos», 1/4 Fall, 2002.

Bennato D., *Roboetica: un caso emblematico di tecnoetica,* www.tecnoetica.it, 19 aprile 2004.

Bernstein J., *Nuclear Iran,* Harvard University Press, Harvard 2014

Bonaccorso G., *Saggi sull'Intelligenza Artificiale e la filosofia della mente,* Lulu.com, Morrisville 2011.

Boncinelli E., *Progresso possibile e progresso impossibile,* «Ulisse», <ulisse.sissa.it/bibWorkArea.jsp>, 26 settembre 2004 (accesso).

Bonolis L., *Così la fisica andò alla guerra*, «Galileo. Giornale di scienza e problemi globali», 1 luglio 2005.

Boudon R. 1991 Bourricaud F., *Dizionario critico di sociologia*, Armando Editore, Roma.

Britannica Book of the Year 1973, Encyclopaedia Britannica, William Benton, Chicago 1973.

Budinich P., *Il progresso della Scienza e la scienza del Progresso*, «Ulisse», <ulisse.sissa.it/bibWorkArea.jsp>, 26 settembre 2004 (accesso).

Bunge M., *Towards a Technoethics*, «Monist», 60(1), 1977.

Bunge M., *Towards a Technoethics*, «Philosophic Exchange», vol. 6 n. 1, 1975.

Bunge M., *Towards a Technoethics,* in Kransberg M. (a cura di), *Ethics in an Age of Pervasive Technology*, Westview, Boulder, 1980.

Caldicott H. (a cura di), *Crisis Without End. The Medical and Ecological Consequences of the Fukushima Nuclear Catastrophe,* The New Press, New York 2014.

Campa R. *Storie di fine vita. Saggio sull'eutanasia*, La Carmelina, Ferrara 2014.

Campa R., Corbally C., Boone Rappaport M., *Electronic persons. It is premature to grant personhood to machines but never say never*, «Gregorianum», 101 (4), 2020, pp. 793-812.

Campa R., *Corpi assemblati. La sfida della tecnica dei trapianti d'organo all'idea di persona*, «Heliopolis», Anno XII, numero 2, 2019, pp. 9-32.

Campa R., *Creatori e creature. Anatomia dei movimenti pro e contro gli OGM*, Deleyva Editore, Monza 2016.

Campa R., *Disoccupazione tecnologica. La lezione dimenticata di Karl Marx*, «Orbis Idearum. European Journal of the History of Ideas», Vol. 5, Issue 2, 2017, pp. 53-71.

Campa R., *Epistemological Dimensions of Robert Merton's Sociology*, Copernicus University Press, Toruń 2001

Campa R., *Esperimenti letali. Storia episodica della vivisezione umana e dell'etica medica*, Orbis Idearum Press, Cracovia 2022.

Campa R., *Etica della scienza pura: un percorso storico e critico*, Sestante, Bergamo 2007.

Campa R., *Filosofia dell'evoluzione autodiretta*, «Futuri. Rivista italiana di Futures Studies», Volume 7, Numero 14, 2020, pp. 189-200.

Campa R., *Il fascino inquietante dell'ultraumano. Teilhard de Chardin e la ricezione del suo pensiero nella Chiesa cattolica*, «Orbis Idearum. European Journal of the History of Ideas», vol. 5 n. 2, 2017, pp. 73-106.

Campa R., *La pandemia, il ritorno del positivismo e la lezione dimenticata del razionalismo critico*, «Orbis Idearum. European Journal of the History of Ideas», 10(1), 2022, pp. 49-74.

Campa R., *La società degli automi. Studi sulla disoccupazione tecnologica e il reddito di cittadinanza*, D Editore, Ladispoli, 2016.

Campa R., *La specie artificiale. Saggio di bioetica evolutiva*, Deleyva Editore, Monza, 2013.

Campa R., *Le armi robotizzate del futuro. Intelligenza artificialmente ostile? Il problema etico*, Centro Militare Studi Strategici, Rapporto di Ricerca 2010 STEPI-T-3.

Campa R., *Mutare o perire. La sfida del transumanesimo*, Sestante Edizioni, Bergamo 2010.

Campa R., *Non solo veicoli autonomi. Passato, presente e futuro della disoccupazione tecnologica*, in R. Paura, F. Verso (a cura di), *Segnali dal futuro*, Italian Institute for the Future, Napoli 2016.

Campa R., *Perfezionamento e meccanizzazione. Lezioni dalla sociologia dell'educazione*, «Orbis Idearum. European Journal of the History of Ideas», 9(1), 2021, pp. 87-120.

Campa R., *Roboethicists and Automata*, in Id., *Humans and Automata. A Social Study of Robotics*, Peter Lang, Frankfurt am Main 2015, pp. 77-108.

Campa R., *Tecnoetica: Una breve storia della disciplina e alcune considerazioni sui suoi fondamenti*, «Futuri. Rivista Italiana di Futures Studies», N. 11, IV, 2019, pp. 145-162.

Campa R., *Una storia di lotte o una lotta di storie? Il ruolo delle idee nella sociologia storica di Karl Marx*, «Orbis Idearum. European Journal of the History of Ideas», Vol. 3, Issue 2, 2015, pp. 1-51.

Carrer S., *Il Giappone post-Fukushima torna al nucleare. Riparte tra le proteste il primo reattore a Sendai*, «Il Sole 24 Ore», 11 agosto 2015.

Chernobyl 1986-2006: quale futuro per il nucleare?, <www.europarl.europa.eu>, 26 aprile 2006.

Clegg B., *The First Scientist. A Life of Roger Bacon*, Constable & Robinson, London 2003.

Colletti V., *Quali garanzie per l'utente?*, «Interlex. Diritto Tecnologia Informazione», 2002.

Corbellini F., Velonà F., *Maledetta Chernobyl. La vera storia del nucleare in Italia*, Brioschi, Milano 2008.

Cordova F., *Il mondo dopo Hiroshima*, «Galileo. Giornale di scienza e problemi globali», 1 luglio 2005.

Cosmas Indicopleustes, *The Christian Topography of Cosmas, an Egyptian Monk*, edited by J.W. McCrindle, Cambridge University Press, Cambridge 2010.

Cotta-Ramusino P., *L'impegno del Pugwash*, «Galileo. Giornale di scienza e problemi globali», 1 luglio 2005.

Daley P., *'All lies': how the US military covered up gunning down two journalists in Iraq*, «The Guardian», 14 giugno 2020.

Davies N., Steele J., Leigh D., *Iraq war logs: secret files show how US ignored torture*, «The Guardian», 22 ottobre 2010.

De Biase L., *Il Mago d'ebiz. Libertà, velocità, comunità. Percorsi nella rivoluzione internettiana*, Fazi, Roma 2000.

Dijksterhuis E. J., *Il meccanicismo e l'immagine del mondo dai presocratici a Newton*, Feltrinelli, Milano 1980.

Diogene Laerzio, *Vite e dottrine dei più celebri filosofi*, Bompiani, Milano 2006.

Elgazzar A.H., *A Coincise Guide to Nuclear Medicine*, Springer, Heidelberg 2011.

Erone di Alessandria, *De gli automati, overo machine semoventi*, Girolamo Porro, Venezia 1589.

Erone di Alessandria, *Pneumatica*, Fratelli Bartholomeo e Simone Ragusij, Urbino 1592.

Esquirol J. M. (a cura di), *Tecnoética: Actas del II Congreso Internacional de Tecnoética*, Publicaciones Universitat de Barcelona, Barcellona 2003.

Esquirol J.M. (a cura di), *Tecnologìa, Ética y Futuro: Actas del I Congreso Internacional de Tecnoética*, Editorial Descle´e de Brouwer, Bilbao 2002.

Faramelli N. J., *Technethics: Christian Mission in an Age of Technology*, Friendship Press, New York, 1971.

Farruggia A., *Fukushima. La vera storia della catastrophe che ha sconvolto il mondo*, Marsilio, Venezia 2012.

Fisichella R., *Etica e ricerca scientifica*, <fondazioneminnaja.com>, Padova, 6 marzo 2009.

Fitter N. T., Nichols P. M., *Applying the Capability Approach to the Ethical Design of Robots*, <www.openroboethics.org>, 15 maggio 2015 (accesso).

Furlan E., *Ricerca empirica e riflessione normativa*, in E. Gius (a cura di), *Assistere presenze assenti. Una ricerca sulle famiglie di persone in stato vegetativo*, Franco Angeli, Milano 2014.

Gallup G. Jr., *The Gallup Poll: Public Opinion 2001*, Scholarly Resources, Wilmington, Del. 2002, pp. 136-138;

Galvan J. M., *La speranza nella società delle macchine: la tecnoetica*, «Rivista Teologica di Lugano», 13/1, 2008.

Galvan J. M., *La tecnoetica*, <www.pusc.it>, 21 giugno 2003.

Ganapati P., *Robo-Ethicists Want to Revamp Asimov's 3 Laws*, «Wired», 22 luglio 2009.

Garzia M. B. C., *Dalle neuroscienze cognitive alla sociologia*, «Quaderni del Dipartimento di Sociologia e Ricerca Sociale», n. 55, Aprile 2011, pp. 18-19.

Gill R., Discourse Analysis, in M. Bauer, G. Gaskell (a cura di), *Qualitative Researching with Text, Image and Sound*, Sage, London 2000.

Giovanni Paolo II, *Discorso di Giovanni Paolo II ad un gruppo di scienziati e ricercatori*, <vatican.va>, 9 maggio 1983.

Giustozzi G., *Pierre Teilhard de Chardin. Geobiologia/ Geotecnica/ Neo-cristianesimo*, Edizioni Studium, Roma 2016.

Globalismo nuova etica. De Kerckhove ospite del Laboratorio della comunicazione, «Messaggero Veneto», 28 luglio 2002.

Gunkel D. J., *The Machine Question. Critical Perspectives on AI, Robots, and Ethics*, The MIT Press, Cambridge-London 2012.

Habermas J., *Il futuro della natura umana. I rischi di una genetica liberale*, Einaudi, Torino 2002.

Habershon E., Woods R., *No sex please, robot, just clean the floor*, «The Sunday Times», 18 giugno 2006.

Hamilton J. B., Knouse S. B. & Hill V., *Google in China: A Manager-Friendly Heuristic Model for Resolving Cross-Cultural Ethical Conflicts*, «Journal of Business Ethics», 86, 2009, pp. 143–157.

Hibbing J. R., Smith K. B., Alford J. R., *Differences in negativity bias underlie variations in political ideology*, «Behavioral and Brain Sciences», Volume 37, Issue 03, June 2014, pp. 297-307.

Holton G., *Striking Gold in Science: Fermi's Group and the Recapture of Italy's Place in Physics*, «Minerva», Volume 12, Issue 2, April 1974, pp. 159-198.

I robot dovranno avere un codice etico, «Punto Informatico», 20 giugno 2006.

ISTAT, *Il matrimonio in Italia: un'istituzione in mutamento. Anni 2004-2005*, 12 febbraio 2007.

Katz Rothman B., Amstrong E. M., Tiger R. (a cura di), *Bioetical Issues, Sociological Perspectives,* Elsevier, Amsterdam 2008.

Kerckhove D., *Brainframes. Mente, tecnologia, mercato*, Baskerville, Bologna 1993.

Kerckhove D., *L'architettura dell'intelligenza (La rivoluzione informatica)*, Testo & Immagine, Torino 2001.

Kerckhove D., La *pelle della cultura. Un'indagine sulla nuova realtà elettronica*, Costa & Nolan, Milano 2000.

Kramer S. N., *I Sumeri. Alle radici della storia*, Newton, Roma 1997.

Kransberg M. (a cura di), *Ethics in an Age of Pervasive Technology*, Westview, Boulder 1980.

Krieger D., Ikeda D., *La scelta necessaria. Costruire la pace nell'era nucleare*, Esperia, Milano 2003.

Kuhn T., *La struttura delle rivoluzioni scientifiche*, Einaudi,

Torino 1999 (1962).

La tragedia di Chernobyl. Il costo umano di una catastrofe nucleare, <www.greenpeace.it>, 15 settembre 2015 (accesso).

Lakatos I., Feyerabend P., *Sull'orlo della scienza. Pro e contro il metodo,* Cortina, Milano 1995.

Laurenzi L., *Donne, l'infedeltà ora è un diritto,* «la Repubblica», 23 settembre 2004.

Leigh D., Ball J., Cobain I., Burke J., *Guantánamo leaks lift lid on world's most controversial prison. Innocent people interrogated for years on slimmest pretexts. Children, elderly and mentally ill among those wrongfully held,* «The Guardian», 25 aprile 2011.

Lenci F., *La folle corsa,* «Galileo. Giornale di scienza e problemi globali», 1 luglio 2005.

Lin P., Abney K., Bekey G. A. (a cura di), *Robot Ethics. The Ethical and Social Implications of Robotics,* MIT Press, Cambridge (MA) 2012.

Lochbaum D., Lyman E., Strahnan S. and the Union of Concerned Scientists, *Fukushima. The Story of a Nuclear Disaster,* The New Press, New York 2015.

Lombardi T., *Cina: la figuraccia di Yahoo!,* «Punto Informatico», 8 settembre 2005.

Lombardi T., *Washington attacca Google, Yahoo! e Microsoft,* «Punto Informatico», 3 febbraio 2006.

Lombardi T., *Yahoo passa un altro nome al regime cinese,* «Punto Informatico», 10 febbraio 2006.

Luppicini R., *The Emerging Field of Technoetchics,* in Luppicini R., Adell R. (a cura di), *Handbook of Research on Technoethics,* 2 voll., Information Science Reference, New York 2008.

Luscombe R., *Google engineer put on leave after saying AI chatbot has become sentient,* «The Guardian», 12 giugno 2022.

Luscombe R., *Google engineer put on leave after saying AI chatbot has become sentient,* «The Guardian», 12 giugno 2022.

Mahaffey J., *Atomic Accidents. A History of Nuclear Meltdowns and Disasters from the Ozark Mountains to Fukushima*, Pegasus Books, New York 2014.

Marin J. M., *'Mysticism' in quantum mechanics: the forgotten controversy*, «European Journal of Physics», n. 30, 2009.

Marvasti A. B., *Qualitative Research in Sociology*, Sage Publications, London 2004.

Marx K., *Il Capitale*, a cura di E. Sbardella, Newton Compton, Roma 1996.

Maurizi S., *Una bomba, tre destini*, «Galileo. Giornale di scienza e problemi globali», 1 luglio 2005.

McGreal C., *Wikileaks reveals video showing US air crew shooting down Iraqi civilians*, «The Guardian», 5 aprile 2010.

Merian L., *Office complex implants RIFD chips in employees' hands*, «Computer World», 6 febbraio 2015.

Merton R. K., Barber E., *The Travels and Adventures of Serendipity: A Study in Sociological Semantics and the Sociology of Science*, Princeton University Press, Princeton NJ, 2003.

Merton R. K., *Science and Technology in a Democratic Order*, «Journal of Legal and Political Sociology», 1, 1942.

Merton R. K., *Sulle spalle dei giganti. Poscritto shandiano*, Il Mulino, Bologna 1991.

Merton R.K. *La sociologia della scienza. Indagini teoriche ed empiriche*, a cura di Norman W. Storer, Franco Angeli Editore, Milano 1981.

Merton R.K., *Social Theory and Social Structure*, Free Press, New York 1968.

Merton R.K., *Teoria e struttura sociale*, Il Mulino, 3 voll., Bologna 2000.

Mitcham C., *Encyclopedia of science, technology and ethics*, Macmillan Reference USA, Detroit 2005.

Mitroff I., *Norms and Counter-Norms in a Select Group of the Apollo Moon Scientists: A Case Study of the Ambivalence of Scientists*, «American Sociological Review», 39 (4), 1974, pp. 579–595.

Monod J., *Il caso e la necessità: saggio sulla filosofia naturale della biologia contemporanea*, Mondadori, Milano 1971.

Monod J., *Per un'etica della conoscenza*, Bollati Boringhieri, Torino 1990.

Monopoli A., *Roboetica. Spunti di riflessione*, Lulu.com, Morrisville 2007.

Moore D. W., *Americans Support Teaching Creationism as Well as Evolution in Public Schools. Divided on origins of human species*, «Gallup News Service», August 30, 1999.

Moore G. E., *Principia Ethica*, Cambridge University Press, Cambridge 1922.

Mould R. F., *Chernobyl Record. The Definitive History of the Chernobyl Catastrophe*, CRC Press, Bristol-Philadelphia 2000.

Nadotti C., *Tokyo prepara le regole per i robot: Non danneggino gli esseri umani*, «la Repubblica», 29 maggio 2006.

National Science Board, *Science and technology: Public attitudes and public understanding*, in *Science and Engineering Indicators*, Vol. 1, Chapter 7, 2002.

Nicola U. (a cura di), *Antologia di filosofia. Atlante illustrato del pensiero*, Demetra, Colognola ai Colli 2000.

Nietzsche F., *Aurora e Frammenti postumi (1879-1881)*, Adelphi, Milano 1964.

Ochiai E., *Hiroshima to Fukushima. Biohazards of Radiation*, Springer, Heidelberg 2014.

Odifreddi P., *Intervista a Joseph Rotblat*, <www.vialattea.net>, 15 settembre 2015 (accesso).

Ogburn W., *Social Change with Respect to Culture and Original Nature*, George Allen & Unwin, London 1923.

Oxley D. R., Smith K. B., Alford J. R., Hibbing M. V., Miller J. L., Scalora M., Hatemi P. K., Hibbing J. R., *Political Attitudes Vary with Physiological Traits*, «Science», 321, 2008, p. 1667.

Pais A., *La scienza e la vita di Albert Einstein*, Bollati Boringhieri, Torino 1986.

Pellicani L., *La società dei giusti. Parabola storica dello gnosticismo rivoluzionario*, Rubbettino, Soveria Mannelli 2012.

Perniola M., *Introduzione*, in F. Nietzsche, *L'Anticristo*, Newton

Compton, Roma 2013.

Popper K., *Logica della scoperta scientifica. Il carattere autocorrettivo della scienza*, Einaudi, Torino 1970.

Prelli L. J., *The Rethorical Construction of Scientific Ethos*, in R.A. Harris (a cura di), *Landmark Essays on Rhetoric of Science: Case Studies*, Lawrence Erlbaum Associates, Mahwah, New Jersey 1997, pp. 87-104.

Rader K., *Making Mice. Standardizing Aninals for American Biomedical Research 1900-1955*, Princeton University Press, Princeton 2004.

Rampini F., *Il robot col cervello di un topo*, «la Repubblica», 18 maggio 2003.

Ranisch R., Sorgner S. L. (a cura di), *Post- and Transhumanism. An Introduction*, Peter Lang Edition, Frankfurt am Main 2014.

Ricardo D., *Principi di economia politica e dell'imposta*, UTET, Torino 2006.

Riotta G., *Il filosofo Fukuyama mette in guardia sui rischi di una ricerca senza limiti: "No a ingegneria genetica come a fascismo e comunismo"*, «Corriere della sera», 10 ottobre 2005.

Ripepe E., *Socialismo reale e marxismo reale*, «Mondoperaio», n. 1, 1992.

Rossi L., *Il Creso: il grano frutto della ricerca italiana*, «Rivista di agraria», n. 172, Agosto 2013.

Rowan A.N., *Of Mice, Models & Men. A Critical Evaluation of Animal Research,* SUNY Press, New York 1984.

Russo L., *La rivoluzione dimenticata. Il pensiero scientifico greco e la scienza moderna*, Feltrinelli, Milano 2006.

Saponaro A., *Contributo all'interpretazione sistemica della bioetica come fenomeno sociale: profili problematici e linee di ricerca*, «Studi di sociologia», Anno 38, Fasc. 4, Ottobre-Dicembre 2000, pp. 411-427.

Severino E., *Parmenide*, <filosofia.rai.it>, 19 febbraio 2017 (accesso).

Sgreccia E., *Manuale di bioetica. Vol. I. Fondamenti ed etica biomedica*, Vita e pensiero, Milano 2007.

Sloterdijk P., *Regole per il parco umano*, in *Non siamo ancora stati salvati*, Bompiani, Milano 2004.

Smith J. T., Baresford N. A., *Chernobyl. Catastrophe and Consquences*, Springer, Heidelberg-Chichester 2005.

Snow C. P., *Le due culture*, Marsilio, Vicenza 2005.

Sokal A., *Beyond the Hoax. Science, Philosophy and Culture*, Oxford University Press, New York 2008.

Sterling B., *The Hacker Crackdown: Law and Disorder on the Electronic Frontier*, Bantham, New York 1992 (trad. it. *Giro di vite contro gli hacker*, ShaKe Underground, Milano 1993).

Sztompka P., *Trust. A Sociological Theory,* Cambridge University Press, Cambridge 1999.

Tallacchini M., *Democrazia come terapia: la governance tra medicina e società*, «Politeia», XXII, 81, 2006, pp. 15-26.

Tamburrino C., *Libia, si combatte anche online*, «Punto Informatico», 23 agosto 2011.

The Chernobyl Resource Page. A Chernobyl Bibliography, <www.ibiblio.org>, 15 settembre 2015 (accesso).

Trotsky L., *Letteratura, arte, libertà*, a cura di L. Maitan, Swarz, Milano 1958.

Turchetti S., *Compenso in ritardo per i neutroni lenti*, «Galileo. Giornale di scienza e problemi globali», 1 luglio 2005.

Un robot dipinge guidato da un cervello di topo, «Corriere della sera», 29 luglio 2003.

Vattimo G., *Il mistero non risolto*, «La Stampa», 5 gennaio 2004.

Ventimiglia G., *Editoriale: tecnoetica, roboetica, bioroboetica e insegnamenti della Chiesa*, «Rivista Teologica di Lugano», 13(1), 2008.

Veruggio G., *La nascita della roboetica*, in «Leadership medica», n. 10, 2007.

Veruggio G., Operto F., *Roboethics: a Bottom-up Interdisciplinary Discourse in the Field of Applied Ethics in Robotics,* «International Review of Information Ethics», Vol. 6 (12), 2006, pp. 2-8.

Veruggio G., Operto F., *Roboethics: Social and Ethical Implications of Robotics*, in B. Siciliano, O. Khatib (a cura di), *Springer Handbook of Robotics*, Springer, Heidelberg

2008, pp. 1499-1524.

Veruggio G., Operto F., *Roboetica da tutto il mondo*, «Fondazione Informa», anno 6, n. 1, 2004.

Veruggio G., *Roboetica: una nuova etica per una nuova scienza*, «Micromega», n. 7, 26 ottobre 2010.

Von Wright G. H., *On the Logic of Norms and Actions*, in R. Hilpinen (a cura di), *New Studies in Deontic Logic. Norms, Actions, and the Foundations o f Ethics*, D. Reidel Publishing Company, Dordrecht 1981.

Weber M., *Il metodo delle scienze storico-sociali*, Einaudi, Torino 2003.

Weber M., *Il politeismo dei valori*, a cura di F. Ghia, Morcelliana, Brescia 2010.

Weber M., *Scienza come vocazione e altri testi di etica e scienza sociale*, Franco Angeli, Milano 1996.

Wright, von G. H., *Explanation and Understanding*, Routledge & Kegan Paul, London 1971.

Ziman J., *An introduction to science studies: The philosophical and social aspects of science and technology*, Cambridge University Press, Cambridge 1984.

Znaniecki F., *The Social Role of the Man of Knowledge*, Transaction Books, New Brunswick 1986.

Scritti inclusi in questo volume

1. Campa R., *La scienza come modello etico*, «Ulisse», 26 settembre 2004, pp. 1-10. Ripubblicato in: «Mondoperaio», Luglio-Ottobre, Gennaio-Febbraio, 1/2005, pp. 6-13.

2. Campa R., *Assiologia delle reti interconnesse*, In: Associazione Filomati (a cura di), *L'informazione di massa: studio e implicazioni della tecnologia nella politica moderna*, La Carmelina, Ferrara 2012, pp. 37-60.

3. Campa R., *Ethos e àtomos. Sulla dimensione internazionale della ricerca nucleare e dei relativi problemi etici*. In: P. Prüfer (a cura di), *Erasmus – Report – Internationalization*, Wydawnictwo Państwowej Wyższej Szkoły Zawodowej im. Jakuba z Paradyża, Gorzów Wielkopolski 2015, pp. 215-250.

4. Campa R., *Roboethicists and Automata,* in Id., *Humans and Automata. A Social Study of Robotics*, Peter Lang, Frankfurt am Main 2015, pp. 77-108.
5. Campa R., *Bioetica sociologica e sociologia della bioetica: la svolta empirica e la questione della fallacia naturalistica*, «Rivista di scienze sociali», Vol. 19, 1 settembre 2017.
6. Campa R., *Tecnoetica: Una breve storia della disciplina e alcune considerazioni sui suoi fondamenti*, «Futuri. Rivista Italiana di Futures Studies», N. 11, IV, 2019, pp. 145-162.

Informazioni biografiche sull'autore

Riccardo Campa è professore di sociologia e direttore del Centro di Ricerche sulla Storia delle Idee dell'Università Jagellonica di Cracovia. Dal 2005, è Fellow dell'*Institute for Ethics and Emerging Technologies* e nel triennio 2006-2008 è stato membro del direttorio di *Humanity Plus*. Si occupa prevalentemente di sociologia della scienza e della tecnica, bioetica e storia delle idee. In italiano, ha pubblicato i volumi *Il filosofo è nudo* (2001), *Etica della scienza pura* (2007), *Mutare o perire* (2010), *Trattato di filosofia futurista* (2012), *La rivincita del paganesimo* (2013), *La specie artificiale* (2013), *Storie di fine vita* (2014), *Creatori e creature* (2016), *La società degli automi* (2017), *Le armi robotizzate del futuro* (2017), *Della bellezza dei corpi* (2019), *Credere nel futuro* (2019), *Eterna giovinezza* (2019), *L'arte di passeggiare* (2020), *Esperimenti letali* (2022), *Tutto il potere ai cyborg!* (2022). Ulteriori informazioni bio-bibliografiche sono reperibili nei siti: *academia.edu, researchgate.net, orcid.org, ruj.uj.edu.pl.*

RICCARDO CAMPA

Paperback Edition
Independently Published
February 14th, 2023